国家出版基金项目
NATIONAL PUBLICATION FOUNDATION

改变世界的航天计划丛书

指路能手——卫星定位导航系统计划

李耀军　编著

陕西新华出版传媒集团

未来出版社

图书在版编目（CIP）数据

指路能手：卫星定位导航系统计划 / 李耀军编著. —
西安：未来出版社, 2019.6
（改变世界的航天计划丛书）
ISBN 978-7-5417-6753-1

Ⅰ. ①指… Ⅱ. ①李… Ⅲ. ①全球定位系统－卫星导
航－普及读物 Ⅳ. ①P228.4-49②TN967.1-49

中国版本图书馆 CIP 数据核字（2019）第 099539 号

改变世界的航天计划丛书
GAIBIAN SHIJIE DE HANGTIAN JIHUA CONGSHU

指路能手——卫星定位导航系统计划
ZHILU NENGSHOU——WEIXING DINGWEI DAOHANG XITONG JIHUA

策划统筹	王小莉	
责任编辑	杨雅晖	
出版发行	陕西新华出版传媒集团　未来出版社	
地　　址	西安市丰庆路 91 号　邮编：710082	
电　　话	029-84288458	
开　　本	720mm×1020mm　1/16	
印　　张	10.5	
字　　数	160 千	
印　　刷	陕西天丰印务有限公司	
版　　次	2019 年 8 月第 1 版	
印　　次	2019 年 8 月第 1 次印刷	
书　　号	ISBN 978-7-5417-6753-1	
定　　价	29.80 元	

版权所有　侵权必究

前言

晴朗静谧的夜晚，仰望星空，总会令人充满好奇与遐想。中国古人看到夜空横跨的亮带，会浪漫地想象那是"天河""银河"，"河"的两边住着七夕才能相会的牛郎与织女；看星移斗转，会感慨"天河悠悠漏水长，南楼北斗两相当"；看月圆月缺，不仅有"海上生明月"的思和"千里共婵娟"的愿，也有嫦娥奔月的凄和美……

明朝时，有一个被封为万户的人——陶成道，不再满足于神话传说和诗句里对于苍穹的认知，而是把自己和火箭绑在椅子上，双手举着两只大风筝，想凭借火箭的推力和风筝的升力，成为世界上第一个飞天的践行者。但遗憾的是，他没有成功，却为此献出了生命。

到了20世纪，在航天先驱齐奥尔科夫斯基、戈达德和奥伯特开创性理论和研究工作的引领下，"飞天揽月"终于有了实现的可能。于是，人类这个地球的"婴儿"，集中巨大的财力、物力和人力，用新科技不断尝试着突破走出地球"摇篮"，走向更深邃的太空。

于是，一项项纪录被创造，被刷新，这才有了人类航天史上一个个壮举——

阿波罗登月，堪称人类科学工程技术史上的奇迹。在10年的时间里，开展了一系列的太空任务，最终完成载人登月。

空间站的建立，是航天工程另一伟大成就。它为人类利用太空资源、探索长期在太空生活的可能性，发挥了重要的作用。

而这两项成就都离不开重型运载火箭，因而，研制百吨级运载能力的重型运载火箭，成为各航天大国最重要的长期发展计划。

航天造福人类最生活化的体现，莫过于全球卫星定位导航系统的应用。除了给日常带来的便捷，它在军事、经济等领域的巨大价值更不用说了。

习近平总书记指出，"探索浩瀚宇宙，发展航天事业，建设航天强国，是我们不懈追求的航天梦。"我国的载人航天计划 1992 年才正式启动，但航天人艰苦奋斗、勇于攻坚，不断开拓创新、无私奉献，终于完成了神舟飞船载人遨游天际、航天员出舱、"天宫一号"和"天宫二号"载人空间实验室、嫦娥探月等高科技项目。不久的将来，我们还将建立自己的长期有人值守的空间站，并逐步发展载人登月技术。航天事业的发展从来没有坦途，我国的载人航天也历经挫折，但这阻挡不了砥砺奋进、勇往直前的中国航天人。

未来，人类将会进一步探索太空，将活动空间拓展到更加遥远的星球，这些重任将由正在成长的青少年们去完成。

航天科普作品对于普及航天知识、提高大众科学素养有着重要的意义，对于青少年树立正确的价值观与科技报国的远大抱负，也有着不可低估的作用。因此，我们编写了《改变世界的航天计划丛书》，第一辑选取阿波罗登月计划、空间站计划、重型运载火箭计划、卫星定位导航系统计划，以及我国的载人航天计划。书中以这些计划为线，将航天时代背景、历史事件、人物、航天器研制等内容有机地联系在一起，给读者一个全景式的展示。通过阐述航天活动对人类发展的影响与改变，让读者更深刻地了解航天发展的意义和必要性，看到我们和航天强国的差距，紧起直追。

近年来，我国有不少专家积极投身科普创作，在此特向航天科普领域的杰出代表黄志澄研究员、庞之浩研究员、邢强博士等人致敬。

在众多航天科普作品中，本丛书实为沧海一粟；而本丛书的作者相对来说，还是"新兵"，但在这条路上，我们并不孤单。本丛书撰写过程中，得到了北京航空航天大学宇航学院何麟书教授、蔡国飙教授、杨立军教授、李惠峰教授等的大力支持与鼓励，在此一并表示感谢。

限于作者水平，以及航天知识与历史事件的庞杂，书中难免存在梳理不当、文不达意之处，恳请广大读者批评指正。

徐大军

2019 年 6 月

目录

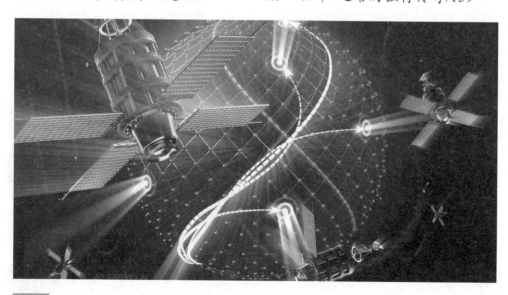

第1章

太空竞赛的第一个比赛项目

>>>

太空竞赛始于 20 世纪 50 年代。美苏两个超级大国出于争霸与谋取战略优势的需要，在各个领域都展开了激烈的角逐。作为一个国家最高科技水平和综合国力体现的太空项目，也自然成为美苏两国交锋与对抗的重要阵地。竞赛以苏联 1957 年 10 月 4 日成功地把世界第一颗绕地球运行的人造卫星"斯普特尼克 1 号"（Sputnik-1）送入轨道为标志拉开序幕，4 个月之后美国也成功发射了它的第一颗人造卫星"探索者 1 号"（Explorer-1）。直到 1975 年 7 月 17 日"阿波罗"与"联盟号"对接，美国航天员托马斯·佩顿·斯塔福德和苏联航天员阿列克谢·阿尔希波维奇·列昂诺夫在太空中握手，昭示着长达近 20 年的美苏太空竞赛暂时"休战"，但其后两国在空间站建设和航天飞机领域的竞争仍在继续，直到 1989 年苏联解体，这场旷日持久的竞赛才算真正结束。近 30 多年的竞赛，美苏两国都耗费了大量的人力、物力和财力。总体来看，两国可谓势均力敌，但还是美国人笑到了最后。

客观地讲，美苏两国的太空竞赛虽然构成了冷战的一部分，具有强烈的政治色彩，但却也实实在在地推动了人类航天事业的发展，为人类探索太空做出了巨大贡献。人造卫星、月球探测器、太空飞船、空间站和航天飞机等航天科技产品以及人类翱翔宇宙，甚至留在月球上人类的脚印，都是人类探索太空的成绩的活标本。

1.1 美苏争霸：太空竞赛

从 1957 年到 1975 年，在地球上诞生了人类有史以来规模最大的一场竞赛——太空竞赛！为了夺取太空探索的领先权，苏联、美国这两个大国之间展开了长达近 20 年的太空争霸赛，主要是针对太空资源的开发。比赛分三轮：第一轮，看哪个国家先发射卫星；第二轮，看哪个国家先把人类送上太空；第三轮，看哪个国家的宇航员率先登上月球。

美苏两国之所以能够开展这么一场史无前例的太空竞赛，说明他们的"家底儿"都不薄，

↑ 迷人的天空成了美苏争霸的竞技场

更主要的优势在于二战后两个国家在火箭技术方向的快速发展。而引发竞赛的根本原因在于二战后两个国家国际关系紧张，史称"冷战"。

战后德国　夜幕降临

第二次世界大战的战火刚刚熄灭，苏联还在打扫战场，美国、英国那边就带着军队和科研人员到达德国佩内明德，对火箭研究方面的资料和技术人才展开了激烈的争夺。

美国人抢先到达，带走了大批德国火箭技术专家和可以组装成100枚火箭的零部件。包括德国火箭专家冯·布劳恩在内的很多德国专家，被美国收编后继续研究火箭，快速提升了战后美国的火箭技术。

稍后抵达的英国坚持只要组装完成的火箭，结果可想而知，最后只拿到数枚成品与半成品，导致战后英国的火箭技术落后美国一大截。

苏联最后到达，结果发现大部分的零件以及与火箭有关的资料已经被英、美两国劫掠一空。但因为德国的佩内明德在盟国协定中属苏联占领区，苏联因此提出了抗议，但英、美并未做出有效回应，苏联只好将剩下的工厂生产线以及附近与生产、研发火箭有关的德国家庭全部运往苏联国内。

在这场"人才争夺战"中，美国是最大的赢家，带走了德国大部分的高级火箭专家及研究人员。

仰望星空　磨刀霍霍

截至1955年，美苏两国都已掌握了弹道导弹技术，扬言可以把武器弹药发射到地球的任何地方。两国都担心核弹头会落到自家的"院子"，

至此，太空竞赛开始萌芽。不久，两国各自发表公报称：在1957年或1958年将发射人造地球卫星。

1955年7月29日，美国新闻发言人詹姆斯·哈格蒂宣布：在1957年7月1日到1958年12月31日之间，美国将发射"环绕地球的小卫星"，以此作为对国际地球观测年的献礼。

1955年8月30日，苏联宇航事业的伟大设计师谢尔盖·帕夫洛维奇·科罗廖夫，在苏联科学院成功创立了一个委员会，目的是在太空竞赛中打败美国。

1957年10月4日，苏联将世界上第一颗人造卫星发射到地球轨道，令美国举国震惊。太空被看作未来的前沿领域，探索太空是美国宏伟计划的重要内容。苏联R-7洲际弹道导弹能把卫星送到太空，也就能把核弹送到美国"家门口"，这种臆想让美国人彻夜难眠。

人们普遍认为，1957年10月4日苏联第一颗人造地球卫星的成功发射，标志着太空竞赛的正式开始。这颗著名的卫星就是"斯普特尼克1号"，又称作"1号卫星"，它是人类第一颗进入行星轨道的人造卫星，苏联在拜科努尔航天中心将它发射升空。由于当时正值冷战时期，"斯普特尼克1号"毫无先兆地成功发射，震撼整个西方的同时在美国国内引发了一连串事件，如斯"普特特尼克"危机、华尔街发生小股灾等，可以说是"一石激起千层浪"，直接激发了美苏两国之后的太空竞赛，太空成为冷战时期美苏两国角逐的焦点。

20世纪60年代，美苏两国在太空竞赛中为了拿到头彩，各自向太空发射了30多艘载人飞船，共计完成了60多人次的太空飞行。无论是美国还是苏联的科学家，都怀着人类对太空的憧憬与向往，不畏牺牲，一次又一次地踏上征途，对地球以外的世界展开探索。

1968年12月，美国成功发射了"阿波罗8号"，首次实现了绕月计划。

1969年7月16日，美国宇航员尼尔·阿姆斯特朗、巴兹·奥尔德林和迈克尔·柯林斯开始了"阿波罗11号"太空任务。"阿波罗11号"成功地实现了人类登月的梦想，首次在地球之外的星球上留下了人类

"斯普特尼克1号"

的足迹，这是一次永载史册的壮举。

1969 年 7 月 20 日，阿姆斯特朗成为行走在月球表面上的第一人，他的 "That's one small step for a man, one giant leap for mankind"（这是个人的一小步，却是人类的一大步）成了全世界熟知的名言。

阿姆斯特朗的"捷足先登"，为美国在太空竞赛中搏回了精彩的一局。

1969 年 11 月，"阿波罗 12 号"又一次成功着陆月球。但是，"阿波罗 13 号"在飞行中遭遇了探测器故障，被迫放弃 1970 年 4 月的登月计划，所幸飞船上的人员安全返回地球。之后登月计划继续实施，取得了四次圆满成功，分别是 1971 年 1 月的"阿波罗 14 号"、1971 年 7 月的"阿波罗 15 号"、1972 年 4 月"阿波罗 16 号"和 1972 年 12 月的"阿波罗 17 号"。看来登月也能"上瘾"，美国人登得不亦乐乎！随后"阿波罗 20 号"多次开展登月着陆计划，超负荷执行了多项任务，并将人员送上月球探险车。为节省开支，美国宇航局放弃了"阿波罗 18 号"和"阿波罗 19 号"。

与此同时，苏联并没有停下登月的计划，但却没有美国人那么顺利。苏联连续尝试 N1 火箭的载人航天试验，但在 1971 年和 1972 年两次发射失败后，最终于 1976 年取消该任务。

⬆ 由尼尔·阿姆斯特朗拍摄的巴兹·奥尔德林。在奥尔德林的宇航服面罩上反射出了阿姆斯特朗和登月舱

⬆ 1969 年 7 月人类在月球上留下的第一个脚印

⬆ "阿波罗 17 号"

1.2 美苏和解：“阿波罗—联盟”计划

自从 1957 年人类踏上宇宙这片新的疆土后，深空的争夺战从未停止，不同意识形态的双方为了新竞赛而努力建造宇宙飞船，在 1961 年美国展开“阿波罗”计划到 1969 年人类向前的一大步为止，白热化的竞争简直要烧穿地球的大气层……

鉴于在技术上已明显领先苏联，美国国内有人指出，美国应该重新评估自己的太空目标。《纽约时报》也称，宇宙是如此广袤，“没有必要为庸俗的民族主义和政治野心而进行无价值的太空对抗”。

其实，美国的太空技术虽然先进，但是也有需要改进的地方。比如1970 年“阿波罗 13 号”飞船在飞行中发生事故，造成航天员出现生命危险，宇航部门认为如果美国或苏联有救生飞船就可以消除这种危险。工程师们由此产生了建造救生飞船的念头，他们想搞一个万能对接接头，适用于各种飞船。而苏联是世界上屈指可数能够制造飞船的国家。

其实很有趣的是，即使在太空竞赛最白热化的时期，两个超级大国的科学家们也没有因为意识形态的问题而中断过交流。因此，也促成了之后双方的合作。

美苏尝试缓和局势

“阿波罗—联盟”测试计划（ASTP）最早在 1969 年开始酝酿：这始于苏联探索和利用太空科学委员会主席布拉贡拉沃夫和美国宇航局（NASA）官员佩因之间的交流。

1969 年春，佩因认为“阿波罗”计划即将结束，接下来美国的航天业会有几年的空隙，而与苏联进行对接飞行试验合作，能够重新引起NASA

美苏和解的宣传海报

的兴趣。对苏联来说，参与合作能显示它的太空技术可以比肩美国。此时，适值两国高层互释善意，打算缓和双方关系，于是两国开始了为期3年的正式协商。

科学家们之间的交流更多的是在政治对峙中寻求科学发展：1969年，美国"阿波罗"计划因"阿波罗13号"的受挫而几乎陷入停滞状态；而苏联在1967年，宇航员科马洛夫因为一个小数点的

航天员拍摄"阿波罗13号"损坏部分照片

差错牺牲在"联盟1号"的返回舱中，再加上1969年N1型运载火箭发射的连续失败更是让苏联的勃勃雄心严重受挫。双方的困局迫使政府重新考虑太空计划的投入，而两边的科学家们在愁眉不展时都不约而同将目光投向了大洋彼岸的竞争对手：也许在困难时进行合作不失

苏联"礼炮1号"

为共渡难关的好办法。

1970年，在白热化的竞赛背后，谈判与磋商悄悄展开。苏联非常愿意用"联盟号"把自己的宇航员送上将要发射升空的美国天空实验室，美国则提出来或许可以先从"联盟号"和"阿波罗号"的对接开始，保持合体飞行并进行一系列试验。

1972年4月，苏联带来了坏消息：不能对接"阿波罗—联盟—礼炮"。因为"礼炮1号"当初制造的时候压根儿就没考虑过会与美国"阿波罗"飞船对接。至此，为了对接，美国和苏联绞尽脑汁。还好，办法总比问题多……

飞船对接正式启动

苏联后来决定采用"联盟"飞船的改型7K-TM，它装备了太阳能电池阵列，可搭载两人，使用装备了应急逃逸系统的R-7型火箭发射。

美国则是只有服务舱和指令舱组成的"阿波罗"飞船。它很像一个炮弹加了个喷嘴儿，的确没有"联盟号"好看……

为了能顺利和苏联的"联盟号"对接，美国做了不少改进工作，比如在指令舱的对接口上装了对接舱。

↑ "联盟"7K-TM 型

所有的硬件准备完毕后，人员的选择不是问题，仅苏联就为这次任务准备了4组8名航天员，美国也选定了自己的任务组。

准备完成后接下来进行测试，航天任务是如此的繁杂且困难，仅测试以及准备工作就耗费了长达近3年的时间。

"联盟"和"阿波罗"握手言和

1974年4月3日，苏联使用R-7型火箭将"宇宙638号"（无人的"联盟"7K-TM 71号）送到太空中，并且对新设计的乘员生命保障系统进行了评估，同时在飞船上装备了附加的电力系统，并根据真实计划演算了轨道参数。但是在返回时，"宇宙638号"还是出了问题。故障出在了一个用于舱船分离前释放轨道舱内空气的阀门上，这直接导致飞船运动的异常，结果"宇宙638号"的返回舱以弹道方式，而非升力控制方式再入大气层。为此，苏联决定下次的载人"联盟"7K-TM 72号不再载人。

1974年8月12日，"宇宙672号"升空，它与"宇宙638号"承担的任务基本一致，在5天22小时的飞行后，圆满完成任务被回收。

1974年12月2日，"联盟16号"成功发射升空，把要对接的任务模拟了一遍，发现飞船正面的转移时间能从2小时减少到1小时，同时他们也把气压从760mmHg、20%的含氧量（普通空气）调整到560mmHg、40%的含氧量。他们在"联盟16号"上验证了对接和脱离项目，并进行了6天的相关试验，一切顺利。

苏联准备的同时，美国也在积极准备中，美国首先派遣宇航员到苏联进行适应性的训练。其次就是改装"阿波罗"飞船。美国小组成员经验丰富，其中汤姆·斯坦福德已3次进入太空并且进行过绕月飞行，是第一位进入太空的将军，可见美国非常重视这次合作。另外一位迪克·斯雷顿则是美国的第一批宇航员（水星计划）7人中的一员，但他因为心律不齐而长期没能升空，在经过一系列测试和治疗之后，他

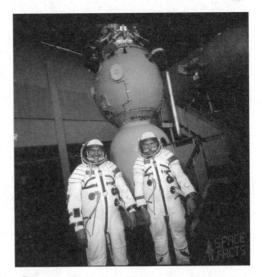

"联盟16号"乘员菲利普琴科和卢卡维尼什科夫在16号前的合影

测试中的美苏对接系统

1975年2月25日，库巴索夫和斯雷顿在对接舱中进行训练

参与了这次具有历史性的合作对接任务。苏联和美国的航天员在进行了许多联合训练的同时，两国工程师们也开展了一系列实验。

1975 年 7 月 15 日，当时世界上两个最强大的对手放下一切对抗，开始共同执行人类第一次探索宇宙的任务。在拜科努尔发射场首先升空的是"联盟 19 号"，飞行员是列昂诺夫和库巴索夫，在旁边的发射台上，"联盟 76 号"备份船也整装待发，一旦"联盟 19 号"对接失败或者"阿波罗"因为意外推迟发射，"联盟 76 号"就会升空作为备份机完成任务。而同时，"礼炮 4 号"上的宇航员就要结束任务返回地球了。

在七个半小时后，"阿波罗号"由"土星"1B 火箭搭载顺利升空入轨，奔向了近地轨道的"联盟 19 号"。

当然，对接也是非常复杂且精细的工作，"阿波罗"和"联盟号"在两天时间内进行了一系列复杂的轨道机动。

在双方飞行员非常娴熟的操作下，于莫斯科时间 1975 年 7 月 17 日 19 时 10 分"阿波罗"和"联盟号"稳稳地对接并锁在一起，列昂诺夫向地面汇报："我们抓紧了，好了，'联盟'和'阿波罗'正在握手！"

⬆ "阿波罗"和"联盟号"空间对接示意图

⬆ 美国航天员托马斯·佩顿·斯坦福德与苏联太空人阿列克谢·阿尔希波维奇·列昂诺夫历史性的握手

这真是一个非常时刻，世界最强大的两个竞争对手此时此刻抛弃了对立的意识形态，使用最机密的航天飞船和最精锐的宇航员进行了一次史无前例的太空合作，这就像是两个打架的孩子为了第一次探索外面的世界而一起趴在了窗边。

莫斯科时间 1975 年 7 月 17 日 22 时 17 分 26 秒，"阿波罗－联盟号"飞过法国梅斯上空时，斯坦福德打开了舱门，向等候多时的"联盟号"漂去——天平两端的战士紧握双手。

在 44 个小时的合体飞行后，7 月 19 日，两艘飞船暂时分离，然后进行了一系列科学实验。

此后"联盟号"作为配合方与"阿波罗"进行了一系列对接、脱离实验，实验均取得成功。"联盟号"之后还环绕"阿波罗号"飞行并互相拍照。它们最后在高度219千米的轨道上飞行，"阿波罗号"将停留到7月24日，为6年后要发射的航天飞机做试验和观测准备。

7月20日，双方各自进行了一系列的试验活动。21日，"联盟19号"先一步返回地球，这也是苏联首次现场直播着陆过程。列昂诺夫和库巴索夫在完成首次国际空间合作任务后，在飞船的返回舱上签上了自己的名字，这也成了之后所有"联盟号"成员的传统。

在经过近6天的飞行后，"阿波罗—联盟"测试计划圆满结束。

这次合作双方都有极大的收获，苏联再一次证明了自己航天科技的雄厚实力：他们能胜任任何合作发射计划并且更准时、更保险。

相对而言，收获最大的是全人类，因为面对无限未知的空间，人类就像是在温暖的小屋中互相争斗的孩子，若要走向外面黑暗的世界，唯有携手共进。

⬆ 斯坦福德和斯雷顿正在"联盟号"内品尝苏联太空食物

在此次任务之后，双方的合作一直持续到1977年，还探讨了在1981年"礼炮"空间站对接"挑战者号"航天飞机的计划。但随着两国在国际事务中的关系越来越紧张，合作之事不了了之，直到20年后继承苏联航天遗产的俄罗斯加盟国际空间站，大洋两岸的对手才再次走向合作。

⬆ 列昂诺夫和库巴索夫完成首次国际空间合作任务后在飞船返回舱上签名

➲ 执行"阿波罗—联盟"测试计划的宇航员：(第一排左起)斯雷顿、布兰德、库巴索夫
(第二排左起)斯坦福德、列昂诺夫

11

1.3 美苏对抗："星球大战"

美国"星球大战"的阴谋

冷战后期，由于苏联拥有比美国更强大的核攻击力量和导弹破防能力，美国因此丧失了安全感，担心"核平衡"的形势被打破后，自己的家园不保。美国也想凭借其强大的经济实力，通过这种太空竞赛的方式，把苏联经济拖垮。

美国总统里根在任时，采取了一系列的改革措施，从减税到缩小政府规模，然后到减少商业控制，美国社会上上下下经历了一场变革，生机勃勃。

与此同时，苏联依然表现出咄咄逼人的扩张态势。苏联已经拥有了比美国更强大的核攻击力量，美国担心"核平衡"的形势会被打破，因此，有必要建立一套有效的反导弹系统，确保其战略核力量的生存能力和强大的威慑能力，来维持美国的核优势。——由此产生了"星球大战"计划。该计划是里根总统上台后对苏联所采取的强硬政策中非常重要的一个。1983年3月23日，里根发表了后来被称为"星球大战"的宣言。

电影《星球大战》（第一部）上映以后，在全球范围内掀起了一股热潮。这部电影是20世纪70年代诞生的科幻电影，对欧美几代人产生了深远的影响，影响力延伸至政治领域。《星球大战》系列电影推出时正处于冷战时期，这部充满反战色彩的电影便成为美苏争霸的代名词。

引发社会轰动与争议

"星球大战"计划一经提出便在美国引发了巨大轰动。反对者认为这个计划纯粹是幻想，支持者则认为它是终结苏联的关键一环，这种争议一直延续到今天。

里根推出这项计划并非一时头脑发热，而是

酝酿已久。美国的《空军杂志》认为，里根的战略防御计划想法来源于美国电影《冲破铁幕》，也可能来源于他在 1979 年视察科罗拉多州的北美防空司令部时，首次得知美国没有能力防御弹道导弹的攻击。

🎧 里根总统发表"星球大战"宣言

其实并不像反对者所说的里根对这个问题一无所知。早在 20 世纪 60 年代，里根就对防御弹道导弹非常感兴趣。他在担任加州州长时，应物理学家爱德华·泰勒（氢弹之父）之邀，在劳伦斯利弗莫尔国家实验室对反弹道导弹已经有了初步了解。

反弹道导弹计划的支持者向总统里根提出多种方案，其中有一种方案是来自于一个叫"高边疆"的组织。认为凭借美国在航天领域中的能力，利用"无主"的太空，用各种太空技术，为美国构筑起一道有效的防御弹道式导弹墙。目的是在太空几百千米甚至几千千米的外太空，想办法将敌对国家向美国和其盟友发射的洲际弹道导弹早早予以拦截。

国家安全顾问丹尼尔·格雷厄姆在总统基金会的帮助下组建了"高边疆"研究小组，该小组成员由 30 多位著名的科学家、经济学家、空间技术专家和战略家组成。

遏制和管控核平衡

随后，美国开始着手实施这项计划。虽然该计划遭到时任国务卿舒尔茨的批评，不过却得到了时任国防部长温伯格的强烈支持。

这个计划不但涉及常规反导武器，而且还包括一些高能定向武器和太空武器的研发。当时美苏两个超级大国的战略核武器数量和质量处于均势，已经走入了军备竞赛的死胡同。美国想利用新的战略计划去打破这种平衡。

新计划由"洲际弹道导弹防御"计划和"反卫星"计划两部分组成，计划的基本构想是以太空为主要基地，部署使用激光、粒子束、电磁炮等定向能和动能武器的战斗站，结合地面以及空中防卫武器，构建成多层次的纵深防御体系，对苏联发射的弹道导弹在其不同飞行阶段进行拦截，使其在飞抵美国之前全部或绝大部分被摧毁掉。英国、西德、以色列、日本等这些美国的盟国，不同程度地参与了这项计划。

苏联被拖入军备竞赛

在美国的"星球大战"计划提出后，苏联不但严厉抨击这项计划，而且曾多次宣称要采取相应的措施。可是，不管采取什么样的措施，都需要耗费大量的资源，这对苏联经济来说都是难以承受的。但苏联领导人对"星球大战"计划十分重视，在积极应对的同时并试图赶超美国。最终苏联被拉入到新一轮的军备竞赛中。

1986 年，苏联在太空建立了首个可长期居住的空间研究中心，即"和平"号空间站。该空间站是一种载人航天器，可以在近地轨道长时间运行，供多名航天员在其中生活工作以及巡防。该空间站属于大型的空间站，所以只能分批发射组件，发射到太空后，在太空再组装为整体。它是第一个第三代空间站。

"星球大战"计划在加强美国自身实力的同时，也逐步发挥出消耗苏联实力的作用——这是因为苏联为

当时美国的《空军杂志》指出，苏联领导人十分关注"星球大战"计划。多年之后解密的苏共中央政治局会议纪要透露，戈尔巴乔夫也对战略防御计划非常痴迷。

了紧跟美国"星球大战"计划的步伐，进行了大量的军事投入，这使得苏联在经济上逐渐力不从心。而苏联以军工为主导，长期以来产业发展不平衡，农业技术落后且很薄弱。

"星球大战"计划让苏联左右为难，这使得苏联寄希望于外交手段阻止美国实施"星球大战"计划。

在 1986 年，美苏首脑峰会上，戈尔巴乔夫试图以拆除所有弹道导弹为诱饵，劝说里根放弃"星球大战"计划，但里根并未同意。

导弹防御系统的诞生

1993 年，美国克林顿政府宣布"星球大战"时代结束，随后展开了免遭导弹威胁的"战区导弹防御系统"（TMD）和免受导弹袭击的"国家导弹防御系统"（NMD）计划。

"星球大战"计划耗资巨大，但同时它也深刻改变了美国。"星球大战"计划推动了太空传感器、太空通信和其他对军队非常重要的技术的发展。该计划使美国 IT 业迅速崛起。有资料显示，20 世纪 90 年代，美国信息高速公路计划因此得到了较好地实现。

1.4 星球大战 "硕果累累"

"星球大战"计划企图以高科技竞争拖垮苏联经济。但事实上两国并未真正展开空间争霸战争，仅仅只是在太空科技领域内展开激烈的竞争，如美国主要发展航天飞机、"阿波罗"登月计划等，苏联主要发展空间站、人造卫星等。1985年戈尔巴乔夫上台后，由于经济政治等原因，苏联放弃了与美国的竞争，但却开启了反卫星武器的新时代。一般来说，反卫星武器主要包括"反卫星的卫星"和"反卫星的导弹"两种武器。

反卫星的卫星

反卫星的卫星属于卫星的一种，一般长约4.6~6米，直径1.5米，重达2.5吨，带有5台轨道机动发动机。它具有轨道推进器跟踪与识别装置，具备杀伤战斗力。它能够利用雷达或红外制导系统，接近并识别敌方的间谍卫星，可以接近到距离目标卫星30米内的有效摧毁范围，并通过自身爆炸产生大量的碎片将其击毁。苏联在1971年从丘拉坦火箭基地（1995年更名为拜科努尔发射基地）发射了"宇宙462号"卫星，该卫星的运行速度快得惊人，才几个小时便赶上了4天前就送入到250千米高空轨道的"宇宙459号"卫星。就在这时，"宇宙462号"突然自行爆炸成13块碎片，将"宇宙459号"卫星撞毁。经美国航天专家分析并证明，这是苏联进行的一次反卫星的卫星试验。截至1977年底，苏联就已经发射了27颗反卫星的卫星，其中有7次成功地"截击"了试验的目标卫星。

反卫星的导弹

美国耗费巨资与众多人力研制各种反卫星武器，反卫星武器主要就是反卫星的导弹。有一个典型的试验案例，在1984年夏天，美国陆军从

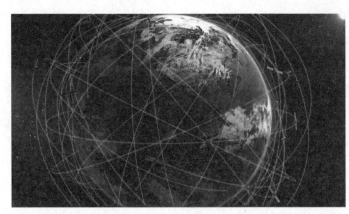

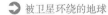
被卫星环绕的地球

美国空军拥有的小型反卫星导弹装备有红外探测器、激光陀螺、信息处理机和机动火箭发动机等。在目前美国爬升性能最佳的F-15"鹰"式战斗机的腹部安装并携带了该种小型反卫星导弹。在15~21千米高空向太空中的目标卫星进行攻击，它便会自动跟踪目标，可以高速撞击卫星，将其彻底摧毁。它的优点是灵活机动，反应迅速，生存能力强，命中精度高，造价便宜，可在接到命令后1小时之内完成截击任务，其最大作战高度达到1000千米。

太平洋贾林岛试验场发射了一枚截击导弹，成功摧毁了从范登堡空军基地发射的一枚"民兵"式洲际导弹。这一次试验表明，美国已经具备了在外层空间击毁敌方间谍卫星的攻击能力。

自1957年10月4日苏联发射人类第一颗人造地球卫星，到1982年为止，在短短的25年间，竟先后出现了2019颗人造"新月"，其中照相侦察卫星815颗；电子侦察卫星211颗；海洋监视卫星59颗；预警卫星53颗；反导弹报警卫星10颗；导弹卫星108颗；气象卫星138颗；测地卫星40颗；轨道轰炸卫星17颗；拦截卫星35颗等。

美苏两国都频繁地研制并发射卫星，利用卫星对全球进行全方位和全天候的间谍侦察。美国吹嘘说它的间谍卫星可以看到非洲丛林中士兵的胡子茬以及莫斯科红场上的汽车牌号。而苏联则自夸它的间谍卫星可以清晰地拍下悬崖峭壁上灌木丛上的叶子。

1971年，苏联发射了世界上第一个航天站"礼炮号"，在太空建立了载人军事基地，1978年又实现了"礼炮号"与"联盟号"宇宙飞船复合对接。而在加利福尼亚州森尼韦尔快车道附近的一幢3层无窗蓝色的水泥大楼里，美国则建立了人类历史上第一支叫"航天师"的作战指挥中心。这支航天部队的主要任务就是在美苏两国爆发战争时,运用各种当代最先进的武器摧毁敌方的间谍卫星。

1985年,美国计划建立一个以太空为基地,以定向能武器(如激光武器、粒子束武器和微波武器)作为它的多层次反弹道导弹系统,目的是把弹道导弹摧毁在外层空间里。美苏两国在太空已经摆开了"天门阵",太空不再平静,它充满了各种各样的"间谍"(卫星),同时又潜伏了许多"暗杀凶手"(反卫星武器)。太空争夺战随着科学技术的发展也越来越激烈。

1.5 回顾历史: 美苏争霸与两位"神仙"

二战结束后,美国和苏联开始了剑拔弩张的太空竞赛。鲜为人知的是,撑起这场竞赛最核心的人物竟是两名"罪犯":冯·布劳恩和谢盖尔·科罗廖夫。冯·布劳恩是向美国投降的纳粹分子,谢盖尔·科罗廖夫则是被斯大林送进西伯利亚监狱的劳改犯。如果不是其中一方早逝,太空竞赛的历史或许会不一样。

追根溯源,美苏两霸瓜分德国才是这场好戏的导火索。当时美国和苏联,都有一个极其重要的任务,就是接收纳粹的最强武器——V-2火箭。V-2火箭是希特勒准备用来翻盘的筹码,但因存量有限而未能如愿。

然而,美苏两国都知道它意味着什么。在那个飞机还停留在螺旋

🔈 V-2 火箭拍摄的太空照片

⬆ V-2 火箭

⬆ 师生相聚。中间钱学森,右冯·卡门,左前戴礼帽者是冯·卡门的导师普朗特

⬆ 布劳恩投降时的照片,手上还打着石膏

桨的时代,V-2 的时速就已达一万千米,是世界上最尖端的武器。更重要的是,它还是人类首次创造出的、有能力进入太空的装置。

当然除了 V-2 火箭外,美苏最想获得的还是其缔造者冯·布劳恩。

为了及时捕获这位顶级火箭科学家,美国甚至派出了冯·卡门和钱学森(就是后来的中国航天之父钱学森)。1945 年他们在德国考察期间与冯·卡门的导师普朗特相聚,当他们看到眼前也就30出头的冯·布劳恩时,都不敢相信他就是 V-2 的设计师,连连惊叹:"他如果不是史上最大的骗子,就是本世纪最伟大的火箭科学家。"

这位 V-2 的灵魂人物冯·布劳恩,虽为纳粹的首席火箭设计师,但他真正的目标不是战争,而是太空。

当知道纳粹德国气数已尽时,他就早早做好了打算,想投奔实力雄厚的美国。

于是冯·布劳恩及其团队,连同制造火箭的核心设备,全部被运往了美国。而"迟到"的苏联,只能在一堆美国人捡剩的"垃圾"里,扒拉些"残羹冷炙"。当时为了 V-2 火箭,苏联军方只好请那位什么都懂的"神仙"谢尔盖·科罗廖夫出山了。

科罗廖夫的经历也不顺利。他在苏联"大清洗"时期，因"滥用国家资金"搞火箭技术，而被当成"群众的敌人"，成为一名劳改犯。此时，他已在西伯利亚监狱劳改了近7年，还曾被殴打致下颚骨折。

正是在这次 V-2 抢夺战中苏联的失利，科罗廖夫才得以摆脱厄运，成为冯·布劳恩最强劲的对手。

于是，冯·布劳恩和科罗廖夫站在了各自的阵营，正式开始了一场太空对垒。

日后的美苏太空竞赛，也正是两位同为"罪犯"却同样心系太空的"巨人"之间的争夺战。

然而这场较量从一开始就是不平等的。冯·布劳恩虽作为"头脑财富"来到美国，但却没有施展拳脚的机会，因为美国始终对这位纳粹分子心存芥蒂。那段日子，他离太空最近的时候要算在迪士尼片场录制太空短片，只能与唐老鸭和米老鼠同台，为儿童讲解火箭知识。

科罗廖夫则得到了苏联领导人的重视和支持，所以这才有了苏联击败美国，率先一步将人类第一颗人造卫星送上天。而运送这第一颗卫星的正是科罗廖夫研发的 R-7 火箭。

下页图中最左边的 SPUTNIK 发射了第一颗人造卫星。这枚 R-7

↑ 科罗廖夫

↑ 冯·布劳恩和谢盖尔·科罗廖夫

↑ 沃尔特·迪士尼与冯·布劳恩

虽然是在 V-2 的设计基础上打造的，但其身上却有不少革命性的创新，是世界上第一枚多级火箭。它有四具强力火箭助推器环绕在核心火箭周围。当挣脱地心引力后这四具助推器便会脱落，让核心火箭飞向目标。因四具助推器脱落时对称地形成十字架，后人也将这种分离称为"科罗廖夫十字交叉"。

SPUTNIK　VOSTOK 1　VOSKHOD 1　SOYUZ TMA

⬆ R-7 火箭家族

⬆ "莱卡"及其纪念雕塑

1957 年 11 月 3 号，苏联载有小狗"莱卡"的人造卫星发射升空。科罗廖夫对苏联的锦上添花，对美国人民来说是雪上加霜，让全美陷入了前所未有的恐慌。

毕竟，火箭能上太空，也意味着其能携带核弹头穿过大西洋，轰炸北美大陆。但冯·布劳恩与美国人的恐慌情绪不同，他是愤怒和生气。明明自己打造的火箭，同样具有将人造卫星送上太空的推力，但却始终没能打破美国官僚对自己的偏见——他们始终认为发射第一颗人造地球卫星是美国人的事，没有"二等公民"什么事。

⬆ "先锋号"爆炸现场

但美国人自己争气了吗？并没有。美国本土研发的"先锋号"火箭一直被委以重任，但它的总预算超支了 10 倍不说，计划还一再推迟。

迫于压力，美国海军于 1957 年 12 月 6 日匆匆发射了一颗人造卫星。然而在全世界的注视下，"先锋号"火箭刚离开发射台 2 秒就原地爆炸了。

还好美国及时醒悟，意识到冯·布劳恩的重要性后，就决定让其放手一搏。而早已蓄势待发的冯·布劳恩也不负众望，不到 3 个月，就将"丘诺 1 号"运载火箭打造了出来。

1958 年 2 月 1 日，美国第一颗人造卫星"探险者 1 号"，由"丘诺 1 号"运载火箭搭载顺利进入太空。但冯·布劳恩根本不知道他的"丘诺 1 号"火箭推力，其实只有科罗廖夫 R-7 火箭的十分之一。

⏽ "丘诺 1 号"火箭成功发射

一直以来，科罗廖夫都关注着冯·布劳恩的一举一动，但冯·布劳恩却不知道苏联还有这样的天才在与自己竞争。他更没法猜到科罗廖夫创造的下一个历史瞬间是什么，会在什么时刻。

1959 年 1 月 2 日，苏联的"月球 1 号"探测器顺利升空，成为人类历史上第一个摆脱地心引力的飞行器，9 月 12 日升空的"月球 2 号"又成了第一个到达月面的人造物体；同年 10 月 4 日，"月球 3 号"还飞到月球背面，拍摄了世界上第一张月球背面照片；1961 年 4 月 12 日，

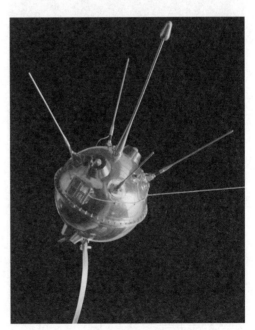

⏽ "月球 1 号"（博物馆复制品）

科罗廖夫更是使出一记大招——将人类第一位航天员尤里·加加林送上太空。

至此，科罗廖夫已全部拿下人造卫星、月球探测和载人飞船这些

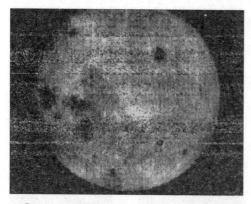

虽然模糊，但它确实是世界上第一张月球照

加加林与科罗廖夫

整幅登载苏联载人航天事迹的美国报纸

重要节点的"三连冠"了。

之后，科罗廖夫依然花样百出，根本不给美国人任何喘息的机会。人类第一次太空行走、第一位女宇航员上天、筹备人类第一个空间站……都是科罗廖夫一手指挥的。

当然，冯·布劳恩也没闲着，也在努力征战太空。但大多数时候，冯·布劳恩总是比科罗廖夫要慢上一步。

例如美国首次载人航天是在1961年5月5日，仅仅比苏联迟了23天而已。然而在世界范围内，人人都只记得太空首航是苏联的加加林，而不是美国的谢泼德。

冯·布劳恩明白了，这样追在别人后面的战术，是行不通的。很快美国就决定弯道超车，来个跨越式发展——载人登月，想用这种方式将苏联远远甩开。

1961年5月，肯尼迪总统就向全世界宣布"阿波罗"计划启动，10年内将人类送上月球！当然，总设计师还是冯·布劳恩。

不过说来滑稽，赫鲁晓夫不相信美国当真会举全国之力，来完成这"没有实际意义的载人登月计划"。直到发现美国人是玩真的，1964年苏联才匆忙出台了载人登月计划。但这时候，苏联的登月计划已经比美国起步晚了3年。太空竞赛的天平已向美国倾斜。

更为致命的是，苏联宇航事业的灵魂人物科罗廖夫由于没日没夜地操劳，落下了浑身疾病。1966年1月，59岁的科罗廖夫突然在医院病逝。

直到为科罗廖夫举行国葬那一天，冯·布劳恩以及全世界才恍然大悟——原来苏联能在太空竞赛中一直保持领先，是因为有这么一位航天巨擘——科罗廖夫。

科罗廖夫死后，苏联整个太空计划顷刻陷入茫然。此时为载人登月设计的N-1火箭，已经失去了总指挥。

虽然科罗廖夫的继任者瓦西里·米申在1969年艰难地完成了N-1火箭的研制。但该火箭的四连发都失败了，苏联的大航天时代戛然而止。

而在美国的冯·布劳恩则身体健康，且踌躇满志。他相信失去科罗廖夫的苏联已经是泥足巨人，用不了几年，太空和月球上回响的将是"山姆大叔"的笑声。

从那时起，冯·布劳恩就开始创造神一样的记录。他主导设计的火箭，基本上一次大的事故都没发生过。1967年，冯·布劳恩设计出了史上最强的推进器——"土星5号"：由5台F1引擎驱动，总推力达3408吨。

直至现在，"土星5号"依然保持着世界最大、最高、推力最强火

⬆ N-1 火箭

⬆ "土星5号"与美国自由女神像对比

箭的纪录。2018年2月7日，SpaceX（美国太空探索技术公司）发射的"重型猎鹰"夺下了现役运载力最强火箭的桂冠，但其运载能力还不足"土星5号"的一半。

"阿波罗"飞船的8到17号，全都是由"土星5号"这个庞然大物

送上太空的。其中最著名的"阿波罗 11 号"执行人类第一次登月任务，更是成功地帮美国打了个漂亮的翻身仗，完美制霸太空竞赛。到了这个时刻，阿姆斯特朗的那一步已不能用美国的胜利来概括了。

这一步，同样也实现了科罗廖夫的梦想，以及全人类的梦想。

然而在冯·布劳恩看来，这只是征服太空的第一步。"登月"并不是他的终极理想，他还想在有生之年探索更遥远的星球——火星。

很快，冯·布劳恩就提出了登陆火星的建议和设想。但苏联已失去科罗廖夫，美国也再无威胁。所以美国当局自然不会同意冯·布劳恩这看似科幻的火星探险。顿时冯·布劳恩觉得已经没有新世界可以征服了。没有对手，失去目标，他自觉没有用武之地，不久后便离开了 NASA。

于是，这场振奋人心的竞赛就这样悄然落幕了。

美苏重型火箭对比："土星 5 号"与 N-1 火箭

这场持续多年的竞赛，也正是人类历史上航天技术进步最迅速的时期。

在历史的长河中，我们很难评判他们两人中谁更厉害，但无论少了其中哪位，航天史都不会有如此的飞跃。

没有冯·布劳恩，科罗廖夫可能还在劳改营。而没有科罗廖夫，冯·布劳恩或许只能在迪士尼儿童节目上露面。

他们成全了对方，是航天时代的哥伦布和麦哲伦。一个将人类第一颗人造卫星和加加林送上太空，另一个将阿姆斯特朗送上月球。但他们又比哥伦布和麦哲伦更清醒：自己所做的一切对人类文明意味着什么。

第 2 章

多面手——人造地球卫星

>>>

人造地球卫星，是指环绕地球飞行并在空间轨道运行一圈以上的无人航天器，简称人造卫星。人造卫星是发射数量最多、发展最快、用途最广的航天器。其主要用于科学探测和研究、天气预报、土地资源调查、土地利用、区域规划、跟踪、通信、导航等多个领域。人造卫星是借助运载火箭、航天飞机被发射到太空中的，它就像天然卫星一样可以环绕地球运行。简单来说，人造地球卫星是靠具有巨大推进力的巨型多级火箭送上太空的。多级火箭的工作原理并不复杂，就是把几支单个火箭串联或并联在一起，构成一个大的火箭系统。其中的每一级都是一支可以独立工作的火箭，它们各自分阶段地完成飞行任务。首先是第一级火箭点火，此时整个火箭便腾空而起。当第一级的推进耗尽时，它笨重的壳体就立即被扔掉，接着第二级开始工作。此时由于甩掉了一部分已经无用的结构重量，从而整个火箭可以轻装前进。紧接着第二级的壳体被抛掉，第三级点火……这样一级接一级，好似接力赛一样，越跑越轻，越跑越快。直到最后一级火箭工作结束时，装在末级火箭前端的卫星便进入到地球轨道。

世界上第一颗人造地球卫星"斯普特尼克1号"，其本体是一只用铝合金做成的圆球，直径58厘米，重83.6千克，圆球外面附着4根弹簧鞭状天线。该卫星的内部装有两台无线电发射机。此外，卫星还安装有一台磁强计，一台辐射计数器，一些测量卫星内部温度和压力的感应元件及作为电源的化学电池。

"斯普特尼克1号"距离地面最远时为964.1千米，最近时为228.5千米，轨道与地球赤道平面的夹角为65°，96.2分钟绕地球1周。1957年12月1日，这颗卫星的运载火箭进入稠密的大气层陨毁。该卫星在天空中整整遨游了92天，绕地球约1400圈，行程6000万千米，并于1958年1月4日陨落。苏联在莫斯科列宁山上建立了一座纪念碑，以此纪念人类进入宇宙空间的伟大时刻，并在碑顶上安置着这个人造天体的复制品。

2.1 改变人类历史进程的航天器

各种各样的人造卫星彻底改变了人类历史发展的进程，人造卫星也是目前用途最广、发射数量最多和效益最高的航天器。

根据卫星运行轨道高度的不同，可将人造卫星分为低轨道卫星、中高轨道卫星和地球静止轨道卫星。其中，低轨道卫星的轨道高度为200~2000千米；中高轨道卫星的轨道高度为2000~20 000多千米；地球静止轨道位于赤道上空，在此轨道的卫星轨道高度约为35 786千米。

按照卫星的用途划分，卫星的种类很多。人造卫星可分为科学卫星、技术试验卫星和应用卫星。其中应用卫星又可分为军用卫星、民用卫星、商用卫星以及军民两用卫星。

人造卫星虽然种类繁多，用途也各不一样，但它们之间存在着一些共性。如：它们的飞行都要遵循开普勒三大定律；都需要由运载火箭或航天飞机发射到太空，以获得必需的环绕速度，这样才能环绕地球飞行；都是由公用系统和专用系统两大部分组成。

卫星不受领土、领空和地理条件限制，视野广阔。高、中、低轨

科学卫星主要用来科学探测和研究，分为空间物理探测卫星和天文卫星两种。科学卫星上的常用仪器有望远镜、光谱仪等各类遥感器，这些试验仪器可以帮助人们了解高层大气、地球辐射带和极光等空间环境，观察太阳和其他天体。

技术试验卫星是应用于卫星工程技术和空间应用技术的原理性或工程性试验的卫星。通常使用卫星在太空中进行新技术、新原理、新方案、新设备和新材料等一系列的试验，试验成功后才能投入使用。

应用卫星是直接为国民经济和军事服务的卫星。军用卫星的种类五花八门。其中，侦察卫星（分为照相侦察卫星、电子侦察卫星、海洋监视卫星、导弹预警卫星）、军用通信卫星、军用气象卫星和军用导航卫星等最重要。

道的卫星一天可绕地球飞行几圈到十几圈,能迅速与地面进行信息交换,同时也可获取地球的大量遥感信息,一张地球资源卫星图片所遥感的面积可达几万平方千米。

2.2 人类前行的指路能手——导航卫星

导航卫星系统应用示意图

导航卫星系统的关键作用是提供有关时间/空间基准以及所有与位置相关的动态信息。导航卫星系统已经成为国家重大的空间和信息化基础设施。同时,它也是现代化大国地位和国家综合国力的重要标志之一。

随着通信技术、计算机技术和空间技术的迅速发展,无线电导航定位技术、导航定位系统及导航定位设备的发展也日新月异。

与陆基无线电导航定位系统相比,卫星无线电导航定位系统无论是在精度、覆盖面积还是响应速度方面都表现出了无法比拟的优势。它可对地表、近地表和地球空间任意地点的用户提供全天候、实时、高精度的三维位置、速度和时间信息。第二代导航卫星系统已成为快速获取高精度导航定位信息的空间基础设施,具有极高的军用和民用价值,并备受世界各国的关注与青睐。

导航卫星系统如何组成

导航卫星系统中应有以下部分:

1. 导航卫星星座。

由空间中许多颗导航卫星组成的空间导航网即为导航卫星星座。从空间分布上来看，卫星基本上分布在近似圆的轨道平面上，按照轨道高度可分为低、中高轨道以及地球同步轨道导航卫星。其中，中高轨道的卫星和地球同步轨道卫星较多，在同一轨道上分布着许多颗。

导航卫星星座运行示意图

导航卫星星座有 5 个主要的功能：

（1）接收、转发跟踪测量导航卫星的电波信号，来测定卫星的空间运行轨道。

（2）地面测控网发送的导航信息由卫星来接收和存储，执行监控站的控制指令。

（3）通过星载高精度原子钟产生基准信号，并提供精确的时间标准。

（4）测定用户的位置、速度及姿态信息，向用户连续不断地发送导航定位信号。

（5）接收地面主控站通过注入站发送给卫星的调度命令，用来调整卫星姿态、启用备用时钟等。

2. 地面测控网。

多个跟踪测量站、远控站、计算与控制中心、注入站和时统中心等组成地面测控网，地面测控网可用来跟踪、测量、计算及预报卫星轨道，并对卫星及其设备的工作进行监视、控制和管理。地面测控网有以下主要功能：

（1）各测控站发射机对卫星一边进行连续观测并跟踪测量，一边收集当地的气象数据。

（2）各测控站所测得的伪距和多普勒频率观测数据、气象参数、卫星时钟及工作状态的数据都汇集到主控站。

（3）处理所收集数据，计算每颗卫星星历、钟差修正、信号电离层延迟修正等参数，并按一定格式编算导航电文，再传送到注入站。

（4）控制中心检测地面监控系统的工作情况，检查注入给卫星的导航电文的正确性，监测卫星发送导航电文给用户等。

（5）注入站将卫星星历、卫星时钟钟差等参数和控制指令注入导航电文给各导航卫星。

（6）调度和控制卫星轨道的改变和修正等。

3. 用户导航定位设备。

机载或弹载的用户导航定位设备由卫星信号接收天线、接收机及配套天线馈线等组成，它完成的主要任务如下：

（1）接收卫星发送的信号，从而测定伪距、载波相位和多普勒频率观测值。

（2）提取和解调各种参数，主要有导航电文中的卫星星历和轨道参数、卫星钟差参数等。

（3）处理并计算观测值、卫星轨道参数，解算用户的位置、速度分量以及其他参数。

导航工作原理

通常卫星导航定位可以根据导航定位的解算方法分为绝对定位和相对定位。

1. 绝对定位。

用户接收机接收导航卫星的定位信号，当接收的导航卫星的数目在4颗以上时，就可以确定用户在坐标系中的位置，这种方式称为绝对定位。绝对定位仅仅需要一台接收机就可以确定目标的位置。绝对定位的组织、实施和数据处理比较简便，但是由于受到用户接收机钟差以及信号传播延迟的影响，其定位精度比较低。这种定位方式在许多运动载体的导航定位中广泛使用，这些载体都可以成为导航卫星的"用户"。

2. 相对定位。

设置导航卫星接收机分别在两个及两个以上的观测点上，可同步接收同一组卫星传播的定位信号，并且可以测得观测点之间的相对位置，这种定位方式称为相对定位。相对定位的观测点的位置坐标是已知的。

相对定位可有效消除或减弱共源和共性的误差，有利于提高定位精度，但需要多点同步观测同一组卫星，因此组织以及实施都比较复杂，且与基准点的距离限制在一定范围内。相对定位在高精度要求的目标定位中应用比较广泛。

 ## 2.3 地球宝藏的探测先锋：地球资源卫星

飞速的工业发展以及不断激增的人口迫使各种资源的需求量越来越大。但由于受到诸多自然条件的限制，极其丰富的自然资源到现在还沉睡在人迹未至的深山密林、茫茫沙漠和浩瀚大洋之中。这就迫切需要我们采用一些有效的方法去勘测那些资源。

地球资源卫星离地面的高度一般在700千米左右，其高度比飞机的飞行高度还要高上百倍。运用地球资源卫星只需要拍摄300~500张照片就可以普查我国全境的资源，而若用飞机来普查我国全境的资源，则需要拍摄50~100万张照片。

地球资源卫星非常适合进行勘测：可以勘测地球上所有地区的资源，而不受地形等自然条件的限制。地球资源卫星还可以在不同的季节对同一地区进行反复勘测，非常适合观测一些随季节变化的农作物。

早在1972年7月，美国发射了第一颗实验型的"地球资源卫星1"，它是在"雨云"气象卫星的基础上修改而成的。其外形和"雨云"完全一样，后来被改称"陆地1"。这颗卫星进入轨道工作后，获得了许多重要的资料。它发现了世界上许多重要的矿藏资讯，如确认巴基斯坦某地有两个斑岩铜矿；发现了日本大阪湾海面和美国纽约州一条河流的严重污染状况；还拍摄了我国首都的照片。在它拍摄的北京地区的照片上，可以清晰地看出故宫、北京大学、东郊机场等地方。

1977年，我国开始发射返回式的对地观测卫星。该卫星质量约1800千克，轨道倾角59.5°，近地点180千米，远地点490千米。该对地观测卫星分仪器舱和返回舱，仪器舱内安装一台可见光地物相机和一台星空相机。利用地物相机在轨道上对我国预定地区进行摄影，星空相机用于分析卫星对地摄影时的姿态误差。返回舱内装有返回用的制动火箭、自收系统和胶片盒等。

2.4 现代战争的千里眼：间谍卫星

间谍卫星是用于获取军事情报的军用卫星，它又称侦察卫星。根据任务以及设备的不同，侦察卫星可分为照相侦察卫星、电子侦察卫星、海洋监视卫星、预警卫星和核爆炸探测卫星。根据使用的搜集手段的不同，可分为主动与被动两大类。主动卫星与被动卫星的区别在于：主动卫星是由卫星发出信号，由接收反射回来的信号分析其中代表的意义。譬如说利用雷达波对地面进行扫描以获得地形、地物或者是大型人工建筑等的影像。被动卫星是利用被侦查的物体发射出来的某种信号，加以搜集并且分析。这种侦查方式是最为常见的一种，包括使用可见光或者是红外线进行拍照或者是连续影像录制，截收使用各类无线电波段的信号。譬如各种雷达与通信设施的信号等。

侦察卫星具有以下优点：侦察面积大、范围广、速度快、效果好，可以定期或连续监视。美国和苏联/俄罗斯等国都发射了大量的侦察卫星。

1959年2月，在美国加利福尼亚的范登堡空军基地里，美国用"宇宙神－阿金纳"A火箭发射了"发现者1号"卫星。1960年10月，"宇宙神－阿金纳"A又运载着另一颗间谍卫星"萨摩斯"升上了蓝天。苏联也于1962年发射了"宇宙号"间谍卫星，对美国和加拿大进行高空间谍侦察。截至1982年底，美国和苏联分别发射了373颗和796颗专职间谍卫星，总数达1169颗，这么多"超级间谍"在空中日日夜夜监视着地球的每一个角落。从这些"超级间谍"传回的卫星影像上不仅能够发现目标，而且还可以识别出目标的军用民用身份以及目标的型号，甚至当前状况。

↑ 侦察卫星对地侦察示意图

从军事上来讲，对地面的侦察可以分为 4 个级别：

第 1 级别是发现，可以从影像上判断是否存在目标，例如海面上有无舰船，地面上有无可疑物等。

第 2 级是识别，能够粗略辨识出目标的种类，例如：人还是车，是大炮还是飞机。

第 3 级是确认，可以从同一类目标中指出其所属类型，例如车辆是卡车还是公共汽车，海上舰船是油轮还是航母。

第 4 级是描述，能识别目标上的特征和细节，例如能指出飞机、汽车的型号和舰船上装备的导弹种类等。

分辨率为 30 米的侦察卫星可以发现港口、基地、桥梁、公路或水面航行的舰船等较大目标；3~7 米分辨率的侦察卫星可以发现雷达、小股部队、导弹基地、指挥所等较小的目标。在分辨率为 1 米的 Google（谷歌）卫星地图上，可清晰"识别"城市建筑物和道路以及汽车等。美国最先进的军用间谍卫星最高 0.01~0.05 米分辨率的影像足以"描述"地面上士兵手中枪的型号，"看见"报纸的标题。

鉴于间谍卫星具有侦察范围广、飞行速度快、遇到的挑衅性攻击较少等优点，美国、苏联都对它很重视，把它作为"超级间谍"使用。因此，美苏两家的战略情报中有 70％以上都是通过间谍卫星获得的。在中东战争期间，美国、苏联竞相发射卫星来侦察战况。1973 年 10 月，美国的间谍卫星"大鸟"拍摄到埃及二、三军团的接合部没有军队设防的照片，并将此情报迅速通报给以色列，以色列的装甲部队便偷偷渡过苏伊士运河，一下子就切断了埃军的后勤补给线，迅速转劣势为优势。

与此同时，苏联总理也带着苏联间谍卫星拍摄的照片，匆匆飞往开罗，劝说埃军停火。1982年英阿马岛战争期间，美苏频繁地发射间谍卫星，对南大西洋海面的战局进行密切的监视，并分别向英国和阿根廷两国提供敌方军事情况的卫星照片。显然，间谍卫星的数量和发射次数，已经成了国际政治、军事等领域内斗争的"晴雨表"了。

目前，各种光学摄影的最大分辨率已经成为各国的机密，不过从各种公开或者是半公开的资讯可以得出如下结论：侦察卫星要取得地面上的车牌号信息是很容易的事情。

照相侦察卫星

"大鸟"间谍卫星是照相侦察卫星的一种，它是由美国空军委托洛克希德·马丁公司研制并于1971年发射升空的。其总长为15.24米，直径有3.05米，重达13.3吨。它所担任的间谍侦察任务很多，既对地球表面做普查侦察，也对重要目标做详查侦察。更奇妙的是，这只"大鸟"还常常驮着"小鸟"飞上太空，然后"卸下"这些"小鸟"带着它们在外层空间漫游。迄今为止，外层空间已经有16只"大鸟"在"展翅飞翔"，它们虎视眈眈地注视着地球上那些令人担心的地区。1971年美国还发射了一颗KH-9间谍卫星，叫"大鹏"。1976年底，美国中央情报局在美国空军范登堡基地又发射了第五代照相侦察间谍卫星KH-11，俗称"锁眼"。这是太空间谍战的一个重大突破，因为KH-11间谍卫星属于"数字图像传输型的实时照相侦察卫星"。由卫星上的"成像遥感器"通过扫描的方法拍摄地面场景图像，并将这些"高品位远距照相电视信号"采用数字图像的方式传输到地面卫星接收站，华盛顿的国家图像判读中心就能立刻了解到有关国家各个领域的瞬时动态。KH-11间谍

美国侦察卫星

卫星有两个优点：不受胶卷的限制和具有诱人的"实时性"。最初的时候，由于苏联军方及谍报部门不了解 KH-11 间谍卫星具有发射实时信号照相的能力，许多军事设施都没有及时隐蔽起来，甚至连导弹发射井的井口也没有掩盖，这让美国谍报机关得到了许多高度机密的情报照片。

电子侦察卫星

电子侦察卫星的功能很多。它既能截获敌方预警、防空和反导弹雷达的信号特征及其位置数据，又能够截获敌方的战略导弹试验的遥测信号，同时也能有效准确地探测敌方军用间谍电台的位置。

从 20 世纪 60 年代中期到 1982 年底，苏联共发射了 134 颗电子侦察卫星。苏联的电子侦察卫星一般是椭球体或圆柱体，多数采用"混杂多颗组网法"，即在同一轨道内，发射 4~8 颗电子侦察卫星，一颗飞过去后，紧接着又飞过来一颗，可以采用接力式连续地进行通信窃听。这种卫星通常具有情报联络的功能，可以与世界各地的苏联间谍保持着无线电联系。1977 年 4 月，伊朗反间谍部门逮捕了一名叫拉巴尼的间谍，他就是利用通信情报型的电子侦察卫星在飞越当地上空时，接收到这颗间谍卫星发送给他的密码电文。由于在接收密码电文时，拉巴尼没能隐蔽好他的卫星接收天线而被反间谍部门发现，后在密室里被抓获。

美国从 20 世纪 60 年代初开始发射电子侦察卫星，到 1982 年底共发射了 78 颗。它的电子侦察卫星分为普查型和详查型两种。普查型电子侦察卫星体积较小，往往是在发射其他较大的卫星时，把它捎带上一起发射出去，如美国的 PH-11 电子侦察卫星即属此类。国外谍报部门称之为"搭班车间谍卫星"。

1962 年美国发射的"侦察号"电子侦察卫星，能够在很宽的频段内对无线电系统进行侦察。这种间谍卫星重约 1000 千克，它在一天中可以两次飞越莫斯科上空，并能把截获到的无线电信号储存起来，当卫星运行到预定地域的上空时，又会自动将情报用无线电发回地面，或使用回收舱把情报送回地面。美国情报部门常常用它来截收苏军总部发至全球各海上舰队的秘密电波。1973 年发射的"流纹岩"电子侦察卫星，主要截获窃听苏联从普列谢茨克试验发射固体洲际导弹以及从白海试验发射核潜艇导弹的电子信号。

🔊 侦察卫星

"流纹岩"可以同时监听 11 000 次电话或步话机的通话。在澳大利亚和英格兰都设有专门接收"流纹岩"电子侦察卫星传输无线电信号的地面卫星接收站。电子侦察卫星还有特殊的"跟踪"本领。即提前把一种"显微示踪元素"或"电子药丸"加在特制的食物和饮料中让某个人吃下去，那么，当电子侦察卫星飞到这个人所在的区域时，卫星上的电子和摄影仪器便会对这个人进行跟踪，无论这个人怎么做都无法逃脱卫星的跟踪。

海洋监视卫星

1978 年 1 月 24 日，美国夏威夷的马维岛卫星观测站观测到这样一个场景：天空中有一个物体，它闪着耀眼的红光急速向东北方坠下，最后在空中爆破成数千块碎片，纷纷落在加拿大的大奴湖地区。美国谍报技术部门立刻派出 100 多名航天专家去那里搜寻卫星碎片残渣。之后，通过专家的一系列分析，美方认为，这是苏联的一颗重达 2700 千克的雷达型海洋监视间谍卫星，即苏联的第 16 颗海洋间谍卫星——"宇宙 954 号"。这颗间谍卫星的作用是探测并跟踪世界范围内海洋上的各种舰艇。它的工作原理是截获舰艇上的雷达、通信和其他无线电设备发出的无线电信号，对海上的军事目标进行监视。

苏联研制海洋监视卫星起步较早，已经拥有采用核反应堆提供能源的雷达型海洋监视卫星和用太阳能供电的电子窃听型海洋监视卫星，并从 1967 年起就开始使用这两类卫星。而美国则在 10 年以后才拥有电子窃听型卫星。把红外辐射仪等高灵敏度的探测仪器安装在海洋监视卫星上面，使得卫星不仅能够发现和跟踪海上目标，还能监视水下 60 米深的核潜艇的活动。它能测量出核潜艇上的核发动机排出的热量与周围海水的温差，掌握潜艇在海下的位置并计算出潜艇行驶的速度，而且还能测出海底山脉、海沟、隆起部

🔊 美国"白云"海洋监视卫星

位和断裂区的高度、深度和宽度，绘制出精确的海底地图。马岛战争时期，苏联接连发射了"宇宙1365号"和"宇宙1372号"海洋监视卫星，以此来侦察英阿双方的军事战况，并把所获取的英国军队的有关情报及时提供给阿根廷军队，促使阿根廷空军一举击沉了英国特遣舰队中著名的"谢菲尔德"号驱逐舰。

美国曾经提出两个研制海洋卫星的计划。一个是研制"飞弓"雷达型海洋监视卫星，另一个是研制"白云"电子窃听型海洋监视卫星。"白云"于20世纪60年代末开始建设，到1995年发射了最后一组卫星，共发展了三代"白云"系列电子窃听型海洋监视卫星。1978年6月27日，美国空军发射了一颗长12.2米，重2274千克的"飞弓"间谍卫星，该卫星装有四种微波遥感仪器和一台可见光和红外扫描辐射仪，对海洋进行大面积的监视。但令人惋惜的是，3个月之后，因电源严重短路，这颗间谍卫星便"一命呜呼"了。

导弹预警卫星

洲际弹道导弹只需要30分钟就可以命中距离8000千米~12 000千米以外的目标。这就要求有一种武器能够在导弹到达目标前就能够侦察到攻击导弹并发出战略预警，提前让人们进入防空洞或者发射反弹道导弹，在大气层外拦截撞毁前来袭击的敌方导弹。这项任务落在了导弹预警卫星的"肩上"。

1958年美国开始研制导弹预警卫星，实施代号"米达斯"计划。在1966年，又重新制订了著名的"647"预警卫星计划（也叫"防御支援计划"）。"647"预警卫星是一个圆柱形的星体，它的主要侦察设备是一个长3.63米，直径为0.91米的大型红外望远镜，该望远镜由2000多个硫化铅做成的红外敏感元件组成，能正常工作的最低温度是-80℃。美国自从1971年投入使用"647"导弹预警卫星以来，已经探测到苏联、法国和中国的1000多次导弹试验。卫星上的探测器能够在导弹发射的90秒钟之内，探测到在起飞的导弹，并且在3到4分钟内把探测到的各类信息传输到美国夏延山上的北美防空司令部。

苏联是在1967年发射导弹预警卫星的。苏联利用导弹预警卫星对美国进行监视，它既能够"看"到美国中西部的戴维斯·蒙森空军基地、小石城的"大力神"导弹发射基地和马姆斯特罗姆的"民兵式"导弹发射基地，又能够和苏联保持不间断通信联系，可以每天进行 14 小时的监视。因此，只要同时使用 2 到 3 颗这种卫星就可以进行全天候的环球监视了。至 1982 年底，苏联共发射了 33 颗导弹预警卫星，在太空中与美国又开始了一轮超级侦察之战。

新一代的导弹预警卫星性能非常优越。国外正在采用一种"凝视"型红外探测器，研制新一代的导弹预警卫星。卫星上的这种探测器含有几百万个敏感元件，各自负责凝视着地球表面的某个地区。只要某地区有导弹发射，快速飞行的导弹尾部喷出的猛烈火舌便会立即被卫星上某一部位的敏感元件感测到，并立即排除非导弹的自然火光和飞机尾部的热辐射，然后进行预先报警。降低虚警率的同时还会测算出导弹的轨迹、飞行速度及弹着点等高度敏感精确的功能。

2.5 世界和平的守护者：核爆炸探测卫星

1979 年 9 月 22 日凌晨 3 时左右，一颗间谍卫星发现，在非洲南部出现了一种神秘的闪光，并且在 1 秒钟之内，连续闪动了两次。同年 10 月底，美国发表了一项声明，宣称该地区发生了一次 2000 吨~4000 吨级的核爆炸。虽然南非矢口否认，但是，这仍然无法排除这颗间谍卫星侦察的可靠结果。这颗间谍卫星是美国在 1971 年发射的"核爆炸探测卫星"。卫星上安装有二十几个探测器，它可以轻易地探测到核爆炸时产生的 X 射线和 Y 射线，甚至可以数出核弹爆炸时产生的中子数目和记录核爆炸火球的闪光及电磁脉冲；它还能够探测到高空（爆炸高度在 30 千米以上）、大气层（爆炸高度低于 30 千米）和近地面的任何核爆炸，并且还可以运用先进的探测仪器系统侦察到地下的种种核爆炸。

美国天基预警系统在20世纪60年代开始研制，1970年确定了地球同步轨道卫星的方案。我们听过最多的是美国现役第三代国防支援计划DSP系统，目前由4颗工作星和1颗备用星组成，运行在地球静止轨道上，具备变轨到大椭圆轨道的能力以实现对高纬度地区的有效监测。工作星的典型定点位置是一颗在印度洋上空（东经60°），一颗在巴西上空（西经70°），一颗在太平洋上空（西经135°）。该系统通常对洲际弹道导弹能给出20~30分钟的预警时间，对潜射弹道导弹能给出10~15分钟的预警时间，对战术弹道导弹能给出5分钟的预警时间。

⬆ 天基红外DSP预警卫星

DSP（国防支援计划）卫星设计之初的目的是探测远程和洲际弹道导弹，它对于中短程弹道导弹则探测能力不足。此外，DSP卫星由于存在不能穿透云层，滤波和跟踪能力不足等缺点，以致整个系统尤其是地面站的信息融合能力还远远不足以满足新时期弹道导弹防御预警的要求。为了完善美国的预警探测能力，美国国防部启动了天基红外系统（SBIRS），取代了DSP系统提供导弹预警等功能。同时，增加了继承自"星球大战"的"亮眼"（Brilliant Eyes）低轨道星座，形成了SBIRS-

High 和 SBIRS-Low 的高低轨道复合型星座配置，从而实现对弹道中段目标的探测识别。在天基红外系统（SBIRS）早期规划中，为探测和跟踪助推段的弹道导弹，在高轨道部分配置 4 颗静止轨道卫星和 2 颗大椭圆轨道卫星；为捕获、跟踪飞行中段的弹道导弹，在低轨道部分配置了大约 24 颗卫星，轨道高度约 1600 千米。天基红外系统（SBIRS）可以全程跟踪探测。

2001 年，SBIRS-Low 系统改称太空跟踪与监视系统（STSS），现在的 SBIRS 系统一般特指原有的 SBIRS-High。按现有的合同可知，SBIRS 系统由 4 颗大椭圆轨道（HEO）卫星和 5 颗静止轨道（GEO）卫星组成。

由于 SBIRS 计划一直存在问题，美国国防部 2006 年开始实施一套并行计划，即替代性红外卫星系统（AIRSS）。实施该计划的目的是确保美国拥有可靠的导弹预警和防御能力，即使是在万一 SBIRS 研制失败的情况下。同时，该计划也能作为廉价的 SBIRS-高轨卫星系统的替代品。到 2018 年 1 月，美国新一代 SBIRS 系统总共有 10 枚卫星在轨运行。

总的来说，美国现有的 DSP 预警卫星的探测能力和精度有限，它的扫描和捕获周期较长，而 SBIRS 就能很好地完善和提高 DSP 预警卫星的这些缺陷，它能够及时精确地对探测区域内的导弹发射做出反应，且能监视目标导弹的全程。一般来说，在同一时刻，有 2 颗或 2 颗以上的卫星能够同时观测目标导弹，不但能对弹道导弹本身，甚至对弹道都能进行预报，为导弹拦截目标提供了重要的技术支撑。SBIRS 系统提供了早期导弹有效的预警信息，这有利于提早捕获目标、锁定目标，还能提供超视距制导和组织多批次拦截，是美国 NMD（国家导弹防御系统）和 TMD（战区导弹防御系统）不可或缺的重要支撑。

与 SBIRS 计划相比较，大椭圆卫星的进度要顺利得多，SBIRS HEO-1 和 HEO-2 已经于 2006 年和 2008 年发射升空，HEO-3 和 HEO-4 已于 2014 年发射。

尽管 SBIRS 和 STSS 存在诸多问题，研制过程也并不顺利，但是作为新一代天基预警系统它们却是弹道导弹防御体系的基石。以防御洲际弹道导弹来说，SBIRS 卫星可以透过云层监视，在导弹一点火发射时即可探测到，同时探测范围也有质的增强。SBIRS 采用的扫描探测器采用一维阵列对地球南北半球进行扫描，探测到强红外辐射后交由 24000 单

元的凝视焦平面阵列进行二维跟踪。以 7 千米云层高度为例，由于可以穿透云层探测，对于固体洲际弹道，探测时间可以提前 30 秒，对于液体洲际导弹则提前 45 秒。

STSS 卫星尽管采用较为廉价的小卫星平台，但是红外传感器的性能也十分出色。以作为试验的中段空间实验 (MSX) 搭载的设备为例：宽视场短红外探测器波段在 1~3 微米之间，口径在 50 厘米以上；中长波红外探测器波段在 4~16 微米之间，口径在 50 厘米以上；可见光探测器波段在 0.3~0.7 微米之间，口径超过 20 厘米。根据瑞利公式，短红外探测器对于 1500 千米外的目标仍然具有 3 米左右的分辨能力，可以有效识别导弹尾焰。不过同样根据瑞利公式，中长波红外探测器在 1000 千米外对目标分辨能力已经大于 10 米，无法对 2 米左右尺寸的弹头进行成像。不过探测距离要远得多，对于 26.85℃温度的典型目标，中长波红外探测器具有高达 30 000 千米的理论探测距离，即使降温到 −73.15℃，也有高达 7000 千米的理论探测距离。

对应于传统天基红外预警系统，STSS 的特色在于对飞行弹道中段的跟踪，并能分辨弹头与诱饵。在 STSS 的探测器上，无论是弹头、诱饵还是母舱、都是点状目标，可通过光谱等信息识别目标。

STSS 卫星的主要特征有以下几个：（1）诱饵和弹头由于二者工艺存在差异导致温度特征会有较大差异，STSS 凝视阵探测器通过多个波段检测温度差异区分目标是诱饵还是弹头；（2）弹头和诱饵的热容量不同，导致二者的温度变化率不同，STSS 的探测器可以通过多波段探测器连续观测目标温度变化，计算变化率以区分真伪目标；（3）弹头和诱饵表面材料的不同，导致发射率不同，通过分析辐射谱分布特征可以区分材料不同；此外，确定目标温度和目标红外发射率后，可以确定目标的表面积，由此间接推算目标大小，区分弹头和碎片。通过这些方法，配合灵敏的探测器，STSS 不仅可以探测跟踪弹道中段的冷目标，还可以区分目标和诱饵，引导拦截器进行拦截。

DSP 卫星将会被更强大的 SBIRS GEO 卫星代替。但天基红外预警系统不是万能的，目前还无法取代陆基海基大功率雷达的作用。由于地面雷达存在盲区，探测距离有限，无法在第一时间探测到弹道导弹的发射，其作战效能将急剧下降，可能会失去中段拦截能力。SBIRS 和 STSS 系统是弹道导弹系统中当之无愧的力量倍增器。一旦建成了 SBIRS 和 STSS 系统，那么美国的弹道导弹防御系统的作战效能将会提升到一个前所未有的高度。

苏联从 20 世纪 70 年代开始启动预警卫星系统，基本和美国保持同步。1976 年，苏联开始发射"眼睛"（OKO）预警卫星，卫星定轨在大椭圆轨道。1988 年又发射了 PROGNOZ（预报预警）卫星，运行在地球同步轨道。苏联把这两个系统联合起来使用，目的是监控美国的陆基导弹发射基地。"眼睛"预警卫星服役至今早已超龄，同时因为苏联解体这一历史原因，后来的俄罗斯无法再更新、升级预警卫星系统。到现在，俄罗斯只剩下一两颗预警卫星，已无法对美国洲际弹道导弹进行有效的战略预警，更别说全球了。

根据新华社发布的新闻，2010 年 1 月 11 日晚 8 点 58 分，中国在境内进行了一次陆基中段反导拦截试验，试验达到了预期目的。这是中国弹道导弹防御系统的第一次反导测试。此前在 2007 年 1 月 11 日我国反卫星试验公开后，美国曾报道中国在 2005 年 7 月 7 日和 2006 年 2 月 6 日分别进行了两次拦截测试。根据相关公开信息分析，这几次试验都是我国进行国家弹道导弹防御系统的测试。近些年，中国国防部正式公开的陆基中段反导试验已经有三次了，前两次分别是 2010 年 1 月 11 日和 2013 年 1 月 27 日的试验，官方表示试验都达到了预期目的。此外 2014 年 7 月 23 日国防部也发布消息称我国进行了一次陆基反导试验。我国的陆基中段反导拦截弹达到了美国多年前的技术水平。

在研制陆基中段反导拦截弹的同时，预警系统是陆基中段反导能力不可或缺的部分。因此，在预警系统研制方面，我国也展开了大量的研究工作，目前仍处于研发阶段。

我国需要观察和借鉴美国、俄罗斯等国建设天基预警体系的经验，做好体系规划和方案设计工作。用有限的资源和高精尖技术，发展我国的天基红外预警系统，实现军事斗争中的信息对等，为国防安全和世界和平做出重要贡献。

2.6 目前哪些国家能发射卫星

截至目前，在全球范围内只有少数一些国家具有独立的卫星发射能力。这些国家和地区包括：苏联/俄罗斯/乌克兰、美国、法国、日本、中国、英国、欧洲空间局、印度、以色列、伊朗、朝鲜和韩国等。

能够发射卫星的国家或地区及其首次卫星发射情况

次序	发射时间/UTC	国家	卫星名称	运载火箭	发射地点/坐标	重量/kg
1	1957 年 10 月 4 日	苏联	"斯普特尼克 1 号"	"斯普特尼克"运载火箭	苏联哈萨克斯坦丘拉坦 拜科努尔航天发射场一号发射场区	83.5
2	1958 年 1 月 31 日	美国	"探险者 1 号"	"丘诺 1 号"运载火箭	美国佛罗里达州布里瓦德县卡纳维拉尔角 卡纳维拉尔角空军基地第 26 号发射工位 A 发射台	13.7
3	1965 年 11 月 26 日	法国	"阿斯特里克斯"	"钻石号"A 型运载火箭	阿尔及利亚贝沙尔省汉马吉尔 特种火箭联合测试中心 B2 发射场布丽吉特发射工位	42

次序	发射时间/ UTC	国家	卫星名称	运载火箭	发射地点/坐标	重量 /kg
4	1970 年 2 月 11 日	日本	"大隅号"	"拉姆达"- 4S （5 号机）	日本鹿儿岛县肝付町内之浦宇宙空间观测所拉姆达发射台	9.4
5	1970 年 4 月 24 日	中国	"东方红一号"	"长征一号"运载火箭	中国甘肃省酒泉市额济纳旗 酒泉卫星发射中心二号发射阵地 5020 工位	173
6	1971 年 10 月 28 日	英国	"普罗斯帕罗"	"黑箭号"运载火箭(R3)	澳大利亚南澳大利亚州伍默拉军事禁区伍默拉试验场五号发射场区 B 发射台	66
7	1979 年 12 月 24 日	欧空局	"阿里安遥测设备舱 1 号"	"阿里安 1 号"运载火箭（L -01）	法国法属圭亚那卡宴区库鲁 圭亚那太空中心"阿里安"1 号发射场区	1602
8	1980 年 7 月 18 日	印度	"罗希尼1B号"（RS-1）	卫星运载火箭（3D1）	印度安得拉邦内洛尔县斯里赫里戈达岛萨迪什·达万航天中心一号发射台	40

次序	发射时间/UTC	国家	卫星名称	运载火箭	发射地点/坐标	重量/kg
9	1988 年 9 月 19 日	以色列	"地平线 1 号"	"沙维特"运载火箭	以色列中央区帕勒马希姆 帕勒马希姆空军基地	157
10	1991 年 9 月 28 日	乌克兰	6 颗俄罗斯制"天箭 3 号"卫星	"旋风 3 号"运载火箭	俄罗斯阿尔汉格尔斯克州米尔内 普列谢茨克航天发射场 32 号发射场区	220×6
11	1992 年 1 月 21 日	俄罗斯	"宇宙 2175 号"	"联盟"-U 型运载火箭	俄罗斯阿尔汉格尔斯克州米尔内 普列谢茨克航天发射场 43 号发射场区	6600
12	2009 年 2 月 2 日	伊朗	"希望号"	"信使 2 号"运载火箭	伊朗塞姆南省塞姆南市 塞姆南发射场	27
13	2012 年 12 月 12 日	朝鲜	"光明星 3 号"(2 期)	"银河 3 号"运载火箭	朝鲜平安北道铁山郡东昌里 西海卫星发射场	100

次序	发射时间/UTC	国家	卫星名称	运载火箭	发射地点/坐标	重量/kg
14	2013 年 1 月 30 日	韩国	"科学技术卫星 2C 号"	"罗老号"运载火箭	韩国全罗南道高兴郡罗老宇宙中心	100

说明：

1. 俄罗斯和乌克兰的发射能力继承自苏联，而非本国自身发展。

2. 法国、英国使用自己的发射器在国外航天发射场发射了本国的第一颗人造卫星。

3. 伊拉克（1989）声称进行过轨道发射（包括相应的卫星和武器弹头），但未被予承认。

4. 除此以外，包括南非、西班牙、意大利、德国、加拿大、澳大利亚、阿根廷、埃及在内的国家，都发展了各自的发射器，但均未成功发射。

5. 截至 2013 年，只有 11 个上述列表中的国家和一个区域组织（欧洲空间局，ESA）通过本国研制的发射装置独立地完成了人造卫星发射（现时英国和法国的发射能力归于欧洲空间局之下）。

6. 不少其他国家，包括巴西、巴基斯坦、罗马尼亚、印尼、哈萨克斯坦、澳大利亚、马来西亚以及土耳其，正处于开发各自小型发射器能力的不同阶段。

现就表格中部分卫星做一简单介绍。

"阿斯特里克斯"卫星是法国发展的科学与技术试验卫星，是法国第一颗人造卫星。"阿斯特里克斯"卫星的主要任务是用于对"钻石号"运载火箭的发射进行测试。

法国于 1962 年成立法国国家空间研究中心（CNES），负责国家空间政策的制定、执行以及空间技术的发展。在 CNES 的努力下，法国成为继苏联和美国之后世界上第 3 个自主研制并发射卫星的国家。

此后近 50 年，法国相继研制了数十颗科学卫星，如"震区电磁辐射探测"卫星、"对流旋转与行星凌日"卫星等，在地震学研究与地震监测、太阳系外恒星与行星的探测与研究、太阳活动监测、地球大气研究以及空间物理科学等诸多方面成就显著。

法国还积极参加国际合作，为其他国家和组织开发的科学卫星提供资金与技术支持，如美国的"伽马射线大区域空间望远镜"（GLAST）、欧洲航天局的"尤里卡"（EURECA）研制项目等。

"大隅号"是日本最早的人造卫星。其他大多数国家的卫星都是以弹道导弹为研发目的的副产物，只有日本采用简单的不可控固体火箭发射民用卫星，因此该卫星仅9.4千克，而且是全世界最廉价的首次发射。

"大隅号"的目标轨道虽然为远地点2900千米、近地点530千米，然而由于初次发射的火箭推力过剩，实际投入的轨道远比此高（5140千米），最终在高温与电源消耗过度的情况下，发射14~15小时后电力耗尽，停止运作。

发射33年后，轨道不断下降的"大隅号"在JAXA的引导下，于2003年8月2日早上5时45分在北纬30.3°、东经25.0°（埃及与利比亚国境附近)落入大气层中焚毁。

"东方红一号"是中国发射升空的第一颗人造卫星，同时也是"东方红"人造卫星系列的首颗卫星。"东方红一号"的发射成功标志着中国成为世界上第5个能够独立发射人造卫星的国家。它在技术超过了苏、美、法、日4个国家的第一颗卫星，质量超过了这4个国家第一颗卫星的总和。

"普罗斯帕罗号"是英国发射的第一颗人造卫星，也是英国前4颗被送上轨道的X-3卫星中的第一颗。它的主要任务是试验各种新技术发明，例如一种新的遥测系统和太阳能电池组。它还携带微流星探测器，用以测量地球上层大气中这种宇宙尘高速粒子的密度。

1965年1月，时任中国国防部五院副院长的钱学森向原国防科委提出制订中国人造卫星研究计划，受到了周恩来总理、聂荣臻元帅等中央领导的高度重视。该计划被命名为"651工程"。

"东方红一号"由以钱学森为首任院长的中国空间技术研究院研制，当时共做了5颗样星，结果第一颗卫星就发射成功。该院制定了"三星规划"：即"东方红一号"、返回式卫星和同步轨道通信卫星。孙家栋是当时"东方红一号"卫星的技术负责人。

1967年，党鸿辛等人选择了一种以铜为基础的天线干膜，成功解决了在100℃~－100℃下超短波天线信号传递困难问题。"东方红一号"卫星因工程师在其上安装一台模拟演奏《东方红》乐曲的音乐仪器,并让地球上的人们从电波中接收到这段音乐而得名。

2.7 人造卫星60多年来对人类的影响

"斯普特尼克1号"卫星

"斯普特尼克1号"卫星发射现场

在1957年10月4日的夜晚，一颗取名为"斯普特尼克1号"的卫星从哈萨克斯坦的沙漠城市——拜科努尔（曾经是苏联的航天城）发射进入太空。在近地轨道伴随地球开始围绕太阳旋转。

"斯普特尼克1号"卫星绕地球一圈大约花费90多分钟，卫星每小时的运行距离达到28968千米。在地面的人们通过双筒望远镜可以看到它的一举一动。该卫星由于装有无线电广播发射器，会发出"哔哔哔"的信号声。据称，在接到发射成功的消息后，当时苏联的最高领导人赫鲁晓夫和儿子谢尔盖高兴地打开收音机，聆听卫星上传来的"哔哔哔"声好一阵，然后才回到卧室休息。后来谢尔盖回忆道，"当时我们根本没有意识到在随后的几小时里，世界会发生这么大的震动"。

"斯普特尼克1号"的出现像地平线上一道闪烁的火花，成为人类打破沉寂宇宙的开端。苏联《真理报》怀着喜悦但克制的心情，只在标准两栏的版面中提及了第一颗人造卫星的消息。相对于苏联的低调，西方媒体的相关报道则铺天盖地，认为发射"斯普特尼克1号"简直是太空界的珍珠港事件。甚至世界的政治局势也发生了决定性的变化。尽管这颗卫星在 3 个月之后从轨道脱离，在与大气层的摩擦中结束了生命。

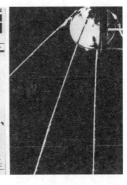

但几乎所有的史料在提及"斯普特尼克 1 号"发射后对国际局势的影响时，无一例外都会说到它揭开了冷战时期美苏两国太空竞赛的序幕。

🔊《真理报》刊登的"斯普特尼克号"卫星相关报道

但实际上在此之前，发射人造卫星并不是双方精心准备要拿来开火的理由。

"斯普特尼克 1 号"的诞生缘于一项毫不相干的氢弹计划：苏联正在研制一种可以携带一枚氢弹用来打击美国的导弹，在军用导弹研究计划受到阻碍之时，科学家谢尔盖·科罗廖夫向克里姆林宫请求发射一枚卫星，因为美国打算在 1957 年 9 月发射卫星的计划在 1955 年已经被披露出来。

尽管苏联政府在 1956 年 1 月对此申请予以批准，但他们打心底里认为发射卫星并没有什么价值，仍然想着氢弹计划。

在不到 3 个月的时间里，基于之前较为成熟的科研成果，谢尔盖·科罗廖夫很快设计出了一枚简单的人造卫星，还没来得及往上装科学仪器，就把"斯普特尼克 1 号"送入了太空。

🔊 苏联技术人员对"斯普特尼克 1 号"卫星进行调试

而另一边，"探险者 1 号"也根本不是美国计划中的第一颗卫星，因为它的科研价值有限。1955 年，美国的科研人造卫星项目面向三军进行招标（因为当时只有军队有能力发射火箭），最终海军的计划中标，原计划是在 1957 年 9 月进行第一颗卫星的发射。

但"斯普特尼克 1 号"的成功发射，震惊美国的同时，也给他们带来了巨大的压力，更准确地说，是恐惧。美国人甚至认为苏联已经可以把核武器投射到美国的任何地方（虽然事实上并不可以）。

美国"先锋号"火箭发射失败

艾森豪威尔总统随后向海军施压，想尽快发射一颗卫星上天。已经延期发射的"先锋号"运载火箭在 1957 年 12 月发射失败的画面通过电视直播出来，更是冲击了美国公众的情绪。《纽约时报》说是"打击美国的声望"，参议员林登·约翰逊更称之为"羞辱"。

1958 年 1 月，美国终于成功发射了自己的第一颗人造卫星"探险者 1 号"。同年 3 月，"先锋 1 号"卫星发射成功。但那个时候，驱动大国太空探索项目的动力不是探索，而是意识形态竞争和国家荣誉。在"斯普特尼克 1 号"发射之前，没人想着太空竞赛。

美国国会在 1958 年 1 月通过了太空行动计划，同年 7 月 NASA（美国国家航空航天局）诞生。肯尼迪在竞选总统时承诺：要在太空探索和导弹防御上扳回一局，这被认为是他最终以微弱优势击败时任美国副总统理查德·尼克松的原因之一。但就在肯尼迪当选后没多久，1961 年 4 月 12 日，苏联人加加林乘坐"东方 1 号"宇宙飞船花了 1 小时 48 分，绕着地球飞行一圈，完成了人类历史上第一次宇宙飞行。

登上《时代》周刊封面的加加林

这激发了美国想要在登月计划中领先的决心，1961 年 5 月 25 日，肯尼迪宣布支持"阿波罗"计划。太空人弗兰克·博尔曼形容"阿波罗"计划"只是冷战的一场战役"。如果没有苏联的第一颗人造卫星，美国的"阿波罗"计划不会这么快实施，美国进行太空探索的动力也不会这么足。

跨度长达 10 年的"阿波罗"计划有 3 次飞行令人印象深刻。1968

年 12 月，"阿波罗 8 号"的宇航员们围绕月球轨道飞行了 20 个小时，近距离地观赏了"透着空虚、广阔又寂寞"的月球。1969 年 7 月 20 日，"阿波罗 11 号"的宇航员尼尔·阿姆斯特朗在月球上迈出了人类的一大步。"阿波罗 13 号"虽然执行飞行任务失败，但 3 位宇航员奇迹生还的故事让人类深刻体会到宇宙的"危险和美丽"。

《纽约时报》对"阿波罗"13 号点评道："惊心动魄的飞行之旅反向激发了公众对太空探索的极大兴趣"。

"斯普特尼克 1 号"进入太空之后的 60 多年里，人造卫星在科学、军事和民生等方面都发挥了非常广泛且重要的作用，加快了互联网的产生，进而使人类的通信方式也发生了颠覆性的变化，并且彻底改变了人们认识自我、观看世界的方式。人造卫星在现代社会中，已经成为一种无形的基础设施，如同每天都会呼吸空气、饮用水一样，人们也时刻能感受到它在生活中的存在与作用。

现在由于卫星电视的转播，全球几十亿观众足不出户就能观看足球、篮球等比赛。依靠卫星向地球传送无线电信号的网络 GPS，可为

这一系列的太空对抗引发了美国对科技教育的倾斜，美国《国防教育法》通过后，国家拨了几十亿美元，让主修数学、工程和科学的学生享受低利率的助学贷款，到 1968 年，国家科学基金会的预算从 10 年前的 3400 万美元增长到 5 亿美元。

大洋彼岸的大英帝国同样对此感到紧张，保守党政府在这一时期开办了 8 所新大学，包括东安格利亚大学和萨塞克斯大学，希望缩短和苏联之间的科技差距。

🔺 具有预报自然灾害和天气功能的地球资源卫星

发射卫星甚至还变成了私营企业盈利的一门生意。特斯拉 CEO 埃隆·马斯克在 2002 年创办了太空探索公司（SpaceX），该公司的最新计划是从 2019 年开始通过"猎鹰 9 号"火箭发射高速网络卫星，为全球提供高速网络服务，目标是到 2024 年之前把 4425 颗卫星送入太空。目前，在我们头顶上工作的人造卫星数量大约有 1459 颗，不再工作的卫星有超过 2000 颗，这意味着 SpaceX 的卫星计划超过了人类目前发射的所有卫星数总和。

⬆ 研制阶段的"电星号"卫星

消防队和救护车、航空交通管制、物流运输、农产品输送、金融银行提供服务，连健身 App 上追踪运动路径都借助于这项技术。

如面对美国和加勒比诸岛的大型飓风、印度洋的水灾等自然灾害，卫星拍摄的图像资料和追踪数据还能在全球范围内让人们更好地对极端天气进行预测并做出反应。

NASA 在成立两年后，终于发射了第一颗专门用于全球通信的人造卫星"回声 1 号"，直径 30 米，表面镀铝，只能反射地面电磁信号，但没有放大和指向作用（因受到陨石撞击，不久就爆炸损毁了）。

而美国第一颗真正有实用价值的民用通信卫星，是 NASA 在 1962 年 7 月 10 日为美国电话电报公司发射的"电星号"，造价 100 万美元，可以在美国缅因州东部的安多佛地面站、设在英国的贡希利镇及法国菲尼斯泰尔省普勒默−博多的欧洲站之间，传送多路电话通信和电视图像。

"电星号"顺利升空后的第二天，法国和英国第一次通过通信卫星将电视节目播送给美国人，第一场的节目时长 7 分多钟。值得一提的是，早在 1945 年，通信卫星的理论知识就已经被英国工程师阿瑟· C ·克拉克公之于世了。

通过卫星电视直播，一些激烈的大型体育比赛实况可以让更多的人在第一时间知晓，使比赛现场变得更加直观可感。1964 年 10 月 10 日至 24 日，在日本东京举行的第 18 届奥运会就通过美国发射的"辛科姆"通信卫星进行全球转播，这是奥运会首次通过卫星转播。由此还诞生了一个新的市场——奥运会转播权交易市场。

卫星电视通过信息共享的方式极大地拓展了人们的视野。在 20 世

⬆ 1964 年东京奥运会开幕式

为办好奥运会的比赛，主办国需要投入一笔可观的资金。为解决资金问题，国际奥委会允许奥组委对转播奥运会的传媒机构进行收费。在 1972 年的慕尼黑奥运会，国际奥委会首次明确了电视转播权的商业价值，主导了销售电视转播权费用的分成，并且收回了转播权由主办城市进行销售的权利，为以后奥运会"竞买"销售奠定了基础。

国际足联同样如此。在 2014 年，国际足联就已经获得了 24.28 亿美元的世界杯电视转播收入，甚至还"狮子大开口"，朝 2018 世界杯主办方俄罗斯索取 1.2 亿美元的转播费——这几乎是从上一届东道主巴西拿到的转播费（3200 万美元）的 4 倍。

纪六七十年代，"世界公民"曾经是引领年轻人探索未来的重要思维方式。人们思考问题时，把整个世界纳入自己的思考范畴而不仅仅站在区域的角度。

"世界公民"，并不是以一个仅仅关心祖国利益的个人的身份，而是以一下独立的个体的身份去爱这个世界。他们关注世界上不平等的情况，了解不公义和贫困的成因，亦愿承担责任，身体力行挑战贫穷与不公义。

卫星还催生了互联网文化和其他多元文化的发展。现代互联网来源于美苏冷战时期的太空竞赛。在"害怕核战争的人们，如何在冷战期间推动了互联网的诞生"这篇文章中，作者进行了详细的解读。其实简单来说，军队发动战争的这种需求催生了互联网。互联网诞生在美国国防部高级研究计划局（Advanced Research Projects Agency，简称 ARPA）手中，ARPA 是 1958 年建立的，目的是帮助美国在太空竞赛中赶超苏联。

如今，全球互联网的用户数已经突破 40 亿大关。

远程教育、远程医疗、对全球自然灾害的预测都可以通过卫星实现。对于贫穷地区卫星的意义更是重大。它使不少偏远地区的人们获取知识和信息的途径变得便捷且简单。在 2004 年，印度在孟加拉湾的一个航空基地发射了世界上首颗教育卫星，名叫 EDUSAT（含义：教育）。这颗卫星有 12 个异频雷达收发器，可以地毯式覆盖印度全国，卫星的定向天线技术还能使卫星给特定区域发送当地方言的教育节目。EDUSAT 已经实现了让全印度 1.1 万多个乡村学校的学生可以远程上课，通过远程授课的方式，大大减轻了印度政府修建学校及聘请教师的财政负担。这种方

医生对病人进行远程诊治

式同样也适用于非洲有些国家，这些地区由于容易暴发疫情，人们多病多灾，因而急需远程医疗卫星服务。在非洲，缺乏正规医疗训练的基层卫生员肩负着乡村医疗的重担，一个卫生员几乎要面对上万名患者。而医院往往路程遥远，患者看一次病就要长途跋涉好几天。国际医生利用远程诊治，能让病人得到及时治疗。

1999 年，美国协助南非发射了第一颗卫星，11 年之后，南非成立了自己的太空总署，该机构经常向南非区域提供灾害监测预告，同时监控人类定居点的增长和住房改造，观测城市化进程情况，这在一定程度上为城市规划提供了十分重要的信息。

另外，非洲地区的政治局势比较动荡，通过卫星可以监测极端组织的活动。尼日利亚曾经利用 SatX 和 Sat2 卫星找回了被 Boko Haram 绑架的 273 名少女。

SpaceX 第四次成功发射卫星

人类登上月球之后，火星就是人类的下一个目标。美国商业航天企业 SpaceX（太空探索公司）正在雄心勃勃地想要实现殖民火星的计划。而 SpaceX 的创始人马斯克的另一个重要目标是利用卫星为全球用户提供高速上网服务，这项计划斥资估计在 50 亿美元到 100 亿美元左右。他们正在利用 SpaceX 成功回收的"二手火箭"进行发射，尽可能降低总成本。

这个"二手火箭"是 SpaceX 公司的"猎鹰"系列。2017 年 9 月 28 日，SpaceX 还在庆祝"猎鹰 1 号"发射九周年，但那天对于马斯克来说是个特别的日子，因为 2008 年 9 月 28 日之前，火箭已经发射失败了三次，这几乎让 SpaceX 处于破产的边缘，第四次发射时马斯克已经赌上了所有的身家，十分幸运的是，这次火箭发射成功了。

为了确保到 2017 年美国能够恢复进行载人航天发射的能力，NASA

和 SpaceX 签署了一项关于大型载人航天器的开发合约，NASA 成了 SpaceX 的客户。NASA 的第十份订单在 2016 年被 SpaceX 拿下了。此项任务是在 2021 年发射一颗卫星，对地球表面的水资源分布进行勘探考察，这也是人类历史上首次进行该类型的调查。

⬆ 太空商业旅行——漫游地球

SpaceX 已经能让卫星发射的成本控制在 6000 万美元之内（中国的"长征三号"乙型火箭的发射价格高于这个），这成为推动民营卫星事业的一股重要力量。太空领地已经不仅仅是国家实力的象征，它逐渐变成了商业冒险的新领地。

⬆ 人类太空旅行时代已经开启

太空商业旅行是目前太空商业发展的一个重要方向，众多公司都跃跃欲试想要打开太空旅行的市场。

SpaceX 公司计划将人类送上太空，进行绕月旅行；亿万富翁布兰森创立的维珍银河公司也计划实现商业太空旅行，来回一趟花费 25 万美元；最近另一家私人太空公司蓝色起源（Blue Origin）计划在 2023 年登月，为全球希望能在月球表面居住的客户提供支持。

在这 60 多年间，人类的通信方式发生了翻天覆地的变化，最终普通人进入太空可能也不再是一件难事——而这一切都始于"斯普特尼克 1 号"在 1957 年进入太空后发出的那一连串"哔哔哔"的信号声。

第3章
一个宏大的设想

>>>

40 多年前，一个新鲜事物悄悄地进入了我们人类的世界——它就是全球卫星定位系统，简称 GPS。

目前，全球拥有正在使用的 GPS 接收端超过数 10 亿个，这一惊人的应用规模彻底改变了 21 世纪人类世界的运作方式。实际上，每个手机系统都依靠 GPS 统一时间，几乎每艘船和每架飞机都携带多个 GPS 接收器以获取自身的定位信息；其他应用涵盖军事装备、交通运输、目标跟踪和资源识别。今天,GPS 信号一旦丢失,有可能会带来灾难性的后果。

那么 GPS 是如何形成的？哪些技术对其成功定位起着至关重要的作用？又是谁开发了这些技术？

GPS 系统的许多创始研发人员已在历史中慢慢被淡忘了，让我们来追溯一下卫星导航系统这个宏大的设想是如何产生的，又是怎样逐渐实现的整个历史过程。

 # 3.1 一个宏大的设想

宏大设想，国家机密

1966 年的一天，詹姆斯·任德福德和中村·宏提交了一篇神秘的设计方案，也就是后来的 GPS 的基本蓝图。该报告一直是美国国防部（DOD）的高度机密，很多人压根儿都不知道存在这样一个研究计划，直到 1979 年 8 月,该报告解密后才被世人知悉,而这距离 1978 年 2 月 GPS 首次试验卫星成功发射，已经过去了一年。

当时，美国军方需要一个能一直追踪潜艇位置的设备。大家都知道，潜艇基本都潜在水里运行，很难捕捉其运行轨迹，有时核潜艇甚至持续好几个月都不出来冒个泡。

这个问题困扰着约翰霍普金斯大学的研究人员，美苏太空竞赛带来

⚐ 左:理查德·科什纳博士,领导 Transit 系统的发展
右:年轻的布拉德福德·W.帕金森上校领导了 GPS 的发展

的竞争,激发着他们想尽办法去解决这个问题,而太空竞赛同时也为他们带来了解决问题的灵感。

GPS 的前身——Transit 系统

1957 年 10 月 4 日,全世界对苏联的"斯普特尼克 1 号"卫星的发射感到惊讶。美国公众对这一事件充满了忧虑和好奇,而美国陆军和海军却在悄悄地从事卫星项目。1957 年 12 月 6 日,当 NRL(海军研究实验室)的 TV-3 坠毁时,美国遭遇了一次重大的失败。1958 年 1 月 31 日,美国陆军发射了一颗葡萄柚大小的卫星——Explorer 1,即"探险者 1 号"。 NRL 随后于 1958 年 3 月 17 日成功发射了"TV-4",改名为 Vanguard1("先锋 1 号")。

1958 年,约翰霍普金斯大学的应用 APL(物理实验室)聘请了一支非常优秀的工程师和科学家团队,其中两位科学家吉尔和魏芬巴哈从事新型"斯普特尼克 1 号"卫星的轨道研究。卫星在轨播发连续音调信号的同时,这些信号相对于地面的速度产生了独特的信号频移,即所谓的"多普勒频移"。经过开展大量的创新研究工作,吉尔和魏芬巴哈发现他们可以通过观测"斯普特尼克 1 号"卫星的单次过境观测区来确定卫星的轨道。

⚐ 数学家威廉姆·吉尔(左)和物理学家乔治· C.魏芬巴哈(右)告诉 APL 研究中心主任穆克鲁尔(中)关于他们使用多普勒成功跟踪卫星的事情

当年,APL 的弗兰克· T.麦克卢尔博士提出了一个非常有创意的建议:为什么不把问题颠倒过来?如果已知卫星的确切位置,导航员可以在接收到卫星信号 15 分钟之后准确计算出自己在地球上的位置。他的这个建议后来成为海军

过境卫星计划的基础，也被称为海军导航卫星系统，即 Transit 系统。该系统得到了美国海军的支持，并与国防高级研究计划局（DARPA）共同开发，经过多年的原型设计与改进，最终于 1964 年左右投入使用，产生了巨大的军事价值。该系统也称为 NAVSAT，一直持续服务了 30 多年，最终在 1996 年退出了导航的历史舞台。

像鸟笼一样运行的轨道卫星 Transit 系统

这一开拓性卫星导航系统是在 APL 空间部门负责人 Richard Kershner 博士的领导下开发完成的。Transit 系统的主要目的是为当时正在开发的美国潜艇弹道导弹部队提供位置更新，这些潜艇在冷战期间是一种重要的战略威慑力量。

Transit 系统采用相对较小的卫星，最初使用太阳能和重力梯度稳定，每隔几个小时提供一次定位修正，潜艇天线在地面上只需要暴露 10 到 16 分钟。定位精度达到了 25 米，但仅限于二维。此外，如果用户正在移动，则准确的速度测量至关重要，1 节的测速误差将会导致 0.37 千米的位置误差。

所有海军舰艇都可以使用该系统，1967 年美国副总统休伯特·汉弗莱同意 Transit 系统开展民用。

Transit 计划还研发处理了一种对 GPS 至关重要的提升技术：使用两个频率来校准电离层诱发的无线电信号的时间延迟。这种双频技术被整合到 GPS 中，获得了最高的定位精度。此外，Transit 还准确预测了卫星轨道，这是 GPS 的另一项重要技术。

尽管 Transit 在导航技术的发展中具有划时代的意义，但它存在观测时间长、定位速度慢（2 个小时才有一次卫星通过，一个点的定位需要观测 2 天），不能满足连续实时三维导航的需求，尤其不能满足飞机、导弹等高速动态目标的精密导航要求等缺点。于是，在 20 世纪 60 年代中期，美国空军提出了代号为 621B 的计划，使用防伪随机码为基础的测距原理，为空军提供高动态的三维服务；美国海军又提出了 Timation

计划，为海军舰艇尤其是核潜艇提供低动态的三维定位服务。1973 年，美国国防部将海空军的方案合二为一，建立国联导航卫星系统（DNSS），这就是后来 GPS 的正式源头。

3.2 GPS 的发展和改进

美国空军的 621B 计划

早在 1962 年，伊凡·格廷博士——航空航天公司总裁设想了一种更精确的三维定位系统，可以连续一周，每天 24 小时不间断使用。他坚持不懈地对五角大楼的最高领导层推销着他宏大的愿景。

在伊凡·格廷博士的不懈努力下，美国空军规划了一个新的卫星导航计划,后来被命名为 621B 计划。

🎧 Transit 卫星的重力梯度吊杆,使天线指向地球

此后，美国空军赞助航空航天公司全力研究新的导航卫星系统。1964—1966 年，航空航天公司开展了一项较为系统的研究，该项目的主力是詹姆斯·伍德福德和中村·宏，他们都是备受推崇的、著名的太空系统设计工程师。

从后来该项目的公开资料中发现，伍德福德和中村当时从事了一项系统性研究工作，主要研究了国防部导航系统的能力和局限性；战术应用和提高定位精度的有效性；卫星导航替代其他定位技术全面分析。

报告提出了一整套关于导航卫星的先进技术方案。

1970 年 10 月，卫星导航项目完成 4 年之后，NRL（美国海军研究实验室)的罗杰·伊斯顿申请了"双卫星ρ-ρ"技术的专利,该技术需要用户使用原子钟,而且只有两维。该专利于 1974 年获得批准(US 3 789 409),1 年后,GPS 系统的三维设计已经在五角大楼会议中定义。

1966 年到 1972 年期间,621B 计划一直在持续研究。内容包括:信号调制、用户数据处理技术、轨道配置、轨道预测、接收机精度、误差分析、系统成本以及军事效益估计等。

为了解决剩下的问题,1971 年,621B 计划开发了两个卫星导航接收器原型机,用于在白沙试验场进行测试。

伊凡·格廷　　　中村·宏　　　詹姆斯·伍德福德

621B 计划中的核心贡献者

工程师在白沙试验场完成了 GPS 原型机测试

直到 1972 年,621B 计划成功地证明了 CDMA(码分多址)信号的有效性和准确性,它能够实现三维导航达到 5 米精度。对这些结果进行艰苦分析的很多功劳应归功于比尔·费斯,他撰写了最终的详细测试报告,这些测试解决了有关 CDMA 信号的大多数问题。

1973 年美国国防部 DNSS 系统开始后不久,就改名为 Navstar,即授时和测距导航卫星或全球定位系统(Navigation Signal Timing and Ranging/Global Positioning System),简称 GPS。但是授时功能始终是 GPS 的核心功能之一,这也是从 CDMA(码分多址)通信到电力系统都大量采用 GPS 的重要原因。

NRL 的 Timation 计划

1964 年,美国海军在 NRL 资深工程师罗杰·伊斯顿的指导下,发起了第二个名为 Timation(时间导航)的卫星计划。NRL 的 Timation 项目旨在探索卫星被动测距技术,以及世界各地定时中心之间的时间转换。该项目与空军计划并行,并与之竞争。随后开发了许多实验卫星,其中第一颗称为 Timation 1,这颗小型卫星重约 38.6 千克,功率为 6 瓦,于

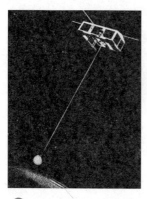

卫星 Timation 1 上的石英钟

卫星 Timation NTS-1 上两个改进的商用铷钟因姿态控制问题无法评估性能

1967 年 5 月 27 日发射升空。

Timation 1 的主要特点是它有一个非常稳定的石英钟。测距基本原理是：将用户位置的时钟与卫星上的时钟同步，并使用被称为侧音测距的无源测距信号结构。到 1968 年，NRL 展示了单卫星定位，精确到大约 0.56 千米，需要大约 15 分钟来采集数据。NRL 的工程师在测试过程中遇到了两个重要问题：太阳辐射会导致时钟频率发生变化，电离层延迟会产生测距误差。

1969 年 9 月 30 日，NRL 发射了第二颗卫星 Timation 2。为了校准电离层延迟，卫星在两个频率上进行广播，这与 Transit 计划开创的技术非常相似，拥有大约 0.06 千米的测距精度。

Timation 系列中的最后一颗卫星 Timation NTS-1 于 1974 年 7 月发射。该卫星被命名为"导航技术卫星"（NTS-1）。毛重增加到约 259 千克，功率为 125 瓦。该卫星由 NRL 的皮特·威廉开发，轨道位于 13 890 千米高度。

严格来讲，NTS-1 卫星属于技术测试卫星。历史上由于各种原因，它们在卫星发展及运行方面没有起到显著的作用，但它们是 GPS 第一阶段运行测试中唯一使用的卫星，具有重大的奠基意义。

NTS-1 有两个小巧轻便的铷振荡器作为时钟，这是一家德国商业公司独立开发的。令人惊讶的是，每个重约 1.8 千克的铷钟只消耗了大约 13 瓦的功率。虽然 NRL 进行了一些电子方面的改进，但这个铷钟却无法承受 GPS 轨道的太空辐射。NTS-1 的时钟成为第一块在 GPS 卫星上使用的原子钟的原型。

NRL 测试表明，改进的铷钟对温度变化过度敏感。后来，NRL 为 GPS 计划又开发了第二颗卫星 NTS-II。这颗卫星装备了两个改进的铯振荡器构造的铯原子钟，这个时钟性能非常出色。

NTS-II 卫星于 1977 年 6 月 23 日从范登堡空军基地发射升空。最初希望 NTS-II 成为 GPS 测试星座的一部分，但遗憾的是，NTS-II 中的 NRL 测距发射机失效，使得 NRL 的卫星无法用于测试。因此，铯钟测试尚无定论，仅有前 4 颗 JPO / Rockwell 卫星得到了测试结果，这才支撑了后来 GPS 计划的全面开发。

早在 1972 年，五角大楼当局已经认识到，新的卫星导航系统将成为各种军事应用的宝贵资产，但是国防部的导航系统维护和升级都极其昂贵。不幸的是，621B 和 NRL 的两个竞争对手都不愿意提供必要的资金支持，五角大楼也迟迟做不出决定。

1972 年 11 月，布拉德福德·帕金森上校担任 SAMSO 高级弹道重建系统计划（ABRES）的工程总监。帕金森在导航、制导和控制方面具有非常强的专业背景，他具有斯坦福大学的宇航工程的博士学位。他曾担任美国空军学院航天系主任，在中央惯性导航测试中心担任 3 年制导设计师，并在 AC-130 武装直升机上顺利完成了 26 次战斗任务。

1973 年春，国防研究与工程部主任马尔科姆·柯里博士，被任命为国防部第三把手，他拥有物理学方面的博士学位，因此成为新卫星导航计划的最大贡献者之一。

1973 年 9 月，在空军参谋部计划管理部（PEM）保罗·马丁中校的帮助下，Lonely Halls（一个会议）开发了一份长达 7 页的决策协调文件（DCP）。在接下来的两个半月里，帕金森开展了一系列演说活动，这些努力最终换来了 1973 年 12 月 14 日五角大楼对 GPS 卫星定位系统的批准。

GPS 卫星导航计划获批的重大贡献者

在第一阶段的整个发展过程中，帕金森故意避免与其他竞争对手在建立卫星导航系统上的任何冲突。他刻意忽略了关于 GPS 技术起源的各种声音。他还忽略了那些没有直接参与 GPS 架构、GPS 设计和部署的人的恶意反对。他觉得，真

参与实际设计、制造和测试 GPS 的关键人物

正的目的是建立 GPS 这个系统，而不是为了获得个人威信。

好在现代化的 GPS 已经为全世界服务了，几乎所有参与实际设计、制造和测试 GPS 的关键人物都做出了重大的贡献。

3.3 迎难而上成就梦想

GPS 第一阶段计划批准，意味着工作可以真正开始。

1974 年 1 月，联合计划办公室（JPO）的 GPS 计划正在顺利进行。当时只有大约 30 名工作人员，工作量巨大。幸运的是，有大约 25 位航空航天人员积极参与，也做出了非凡的贡献。在一系列活动中，团队开发了提案请求，制定了顶层规范，并发布了初始界面控制文档。众所周知，将设计视图转换为工程实现是一项十分艰巨而痛苦的工作。

联合计划办公室陆军副中校保罗·韦伯佩戴的早期 GPS 手机

GPS 工程面临诸多挑战，但其中 5 个工程，尤其令人头疼。

GPS 的主要挑战

挑战 1：定义 GPS CDMA 信号结构的具体细节（一致性、采集、传播、通信协议、结构、纠错、消息结构等）。

在美国航天部的帮助下，621B 计划在白沙实验场进行广泛的测试，证实了 GPS 信号结构选择的合理性。

虽然选择 CDMA 已基本确定，但仍有大量细节需要解决。幸运的是，美国航天部有许多早期的信号研究人员都对此做出了重大贡献。其中一个最重要的工作是确定 GPS 信号的载波，代码和数据都是相位相干的。当年 GPS 信号载波的确定，决定了现在高级 GPS 接收机中的大部分精度。

确切的 Gold 代码系列必须从原始系列中选择，因为罗伯特·戈尔德博士的设计并不包括多普勒频移。数据信息通过每20毫秒的代码反转被集成到民用（C/A）和军用（P/Y）信号中。

为了解决数据信息的所有问题，联合计划办公室组建了一支强大的团队，开始攻关。外围的协作人员也做出了重大的贡献。如范·迪伦多克博士在帮助定义"GPS 时间"方面发挥了特别有效的作用，吉姆·斯比克博士则建议使用 1023 位消息长度以解决与多普勒频移的相关问题，等等。

GPS 数据流以每秒 50 位（即 50 比特流）的速度向地面传输，简称下行，这些极少的通道报文，却包含了 GPS 传输数据的所有精度。它包括：空间卫星轨道、卫星位置信息（星历表）、系统时间、空间卫星时钟、空间预测数据、发射机状态信息和到 P/Y 码及 C/A 信号切换时间。而且作为信息的一部分，电离层误差传播延迟模型也被纳入 GPS 单频使用的用户机。此外，为了帮助用户快速获取刚刚从地平线升起的新卫星，50 比特流下行数据必须包括整个星座中所有其他卫星的运行时刻表，即星历表。每个数字位必须根据传输的比特数再进行压缩编码，对相关偏移量和精度方面进行精确定义。

迄今为止，之前确定的 GPS 报文的 95% 根本不需要做任何更改。在某些特殊情况下，新的用户设备如果需要更高的精度，才需要做一些高精度设计。对于那些在 1975 年已经设计出可靠的 GPS 信号结构的杰出工程师和科学家来说，这是一个跨世纪的伟大工程，令人钦佩。

挑战 2：开发太空耐辐射长寿命的原子钟（4 到 5 年的使用寿命）。

1966 年，空军和海军都认识到，开发一个精确、稳定的时间基准在卫星上产生单向（无源）导航测距信号，至关重要。铯原子钟是在 20 世纪 50 年代中期，太空时代之前发明并商用的。这些钟表的主要问题是体积庞大，特别耗电，而且不能耐太空辐射。为了解决这个问题，开发了铷原子钟，它们体积小，功率低。但是，还没有解决太空耐辐射问题以及温度敏感性问题。

1964—1966 年，621B 计划对当时的原子钟进行空间耐辐射强化。不幸的是，空军后来没有开展空间原子钟耐辐射计划。

不过，海军研究实验室（NRL）在 1964 年制订了一个计划。它利用相对成熟的一系列卫星时钟，来寻求解决当时时钟的问题。第一颗 Timation 卫星于 1967 年 5 月发射，采用了石英钟。毫无疑问的是，时钟频率随卫星温度的变化而大幅度变化。第二颗 Timation 卫星还包含一个石英钟和

> GPS 卫星上的铷原子钟技术源自德国公司 Efratom。通过艰苦的努力，该团队在 1978 年 2 月首次推出 GPS 系统时，及时制造出了一个符合太空耐辐射要求的时钟。

一个温度控制器，并进行了技术改进，但仍然满足不了 GPS 卫星对时钟稳定性的需求。第三颗 Timation 卫星携带了两个升级版的商用铷钟，后来改名为 NTS-1，并由新成立的 GPS 联合计划办公室负责，作为 GPS 计划的一部分，根据 NRL 取得的进展情况，JPO 决定在第一批 GPS 卫星中使用铷原子钟。该批卫星中的第一颗卫星于 1974 年 7 月 14 日发射，不幸的是，由于姿态稳定系统失效，导致太阳角度与温度变化无法对应控制，无法实现对铷钟性能的评估。

与此同时，NRL 赞助开发的铯钟发展有些滞后于预期计划。他们的铯钟不适用于前 3 次发射的 GPS 卫星。第一颗 NRL 耐辐射时钟应用在第四颗 GPS 卫星上，不幸的是，由于供电问题，运行 12 小时后出现故障。因此，前 4 颗 GPS 卫星上唯一能正常运行的时钟，是由联合计划办公室（JPO）通过其承包商罗克韦尔（Rockwell）国际公司开发的。

也就是说，NRL 赞助的铯钟可供卫星使用，并且表现非常好。后来的 Block II GPS 卫星带有两个 Rockwell 制造的标准频率铷钟和双频铷钟。

显然，没有太空耐辐射原子钟，GPS 就不会表现得那么好。现在有超过 450 个标准频率原子钟在太空飞行。直到现在，原子钟最大的用户是 GPS。

挑战 3：实现快速准确的卫星轨道预测，在 144 840 千米的运行轨道中实现几米范围内的用户测距误差（URE）。

由于 GPS 系统仅在美国境内设有数据上传站，每一颗卫星将有数小

时不在视线范围内，因此必须准确预测其轨道。为了达到预期的用户定位精度，每一颗卫星在 144 840 千米的运行轨道飞过之后，轨道预测必须达到几米范围的测距误差。

实现这一标准是早期 GPS 面临的一项重大挑战。这种预测必须考虑到地球极地漂移、地球潮汐、狭义相对论的复杂性、卫星的转弯机动、太阳和地球辐射以及各参考站的位置。

在大约 400 天的时间内，这种效应具有几十米的误差，漂移误差已经包含在 GPS 轨道预测模型之中。

GPS 使用了一项当时不被看好的技术：监控站仅使用 GPS 信号进行被动测距。换句话说，GPS 采用被动接收信号进行测距，而不是使用那个时代的主流技术：双向主动测距。GPS 地面参考站在 1978 年 2 月 22 日卫星发射之后的 1978 年 3 月 5 日，成功接收了 Rockwell/ITT 卫星（NDS-1）的第一个信号。

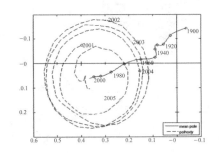

地球旋转运动包含在 GPS 卫星定位的测量参数中

挑战 4：确保航天器的使用寿命达到 10 年。

主要问题在于：如果卫星生命周期很短，那么维持 24 颗卫星的星座成本将会非常昂贵。(尽管伍德福德和中村早在 1966 年进行空军的 621B 计划时，已经着手解决这个问题)。

如俄罗斯全球导航系统"格洛纳斯"的卫星寿命平均为 2 到 3 年（或更短），因此"格洛纳斯"每年需要发射 8~12 次卫星进行替换补充。

卫星长寿的三个关键因素：

冗余度的精心设计（例如，时钟及功率放大器）；

部件选择严格，包括降额使用（必须是 S 级或同等级）；

飞行状态测试并坚持对所有故障进行详细分析。

基于上述原因，也说明了为什么 Timation 时钟不能用于 GPS 计划。因为这些时钟的最长寿命大约才 1 年。显然，这样的设计需要更高的成熟度才能匹配卫星长达 10 年的设计寿命。

挑战 5：开发一整套 GPS 用户设备，利用数字信号（降低成本）跨越军事用途，拓展民用领域低成本的可行性。

这是 5 个挑战工程的最后一个，也同样充满困难。挑战的主要难点是：利用那个时代相对原始的数字计算机开展 GPS 数字信号通信。

🔘 罗克韦尔柯林斯的抗干扰接收机

所有用户设备在功能和性能上都表现良好，现在看来，其不足之处在于尺寸大和功率大。罗克韦尔柯林斯集团开发了能够抗干扰的 GPS 接收机，在实际飞行试验中，抗干扰性能优于 100 分贝干扰信号比（J/S）。该接收机与惯性组件、定向天线和飞机机身集成，来实现抗干扰的目标。这样 GPS 接收器可以在 4000 千米处直接飞过 1 千瓦的干扰机而不会受到影响。

GPS 最主要的创新

用于无源测距的 CDMA（扩频或 PRN）调制，显然是 GPS 最主要的创新。该信号使得用户能够进行四维定位而无须用户设备配备原子钟。

这种 CDMA 信号的创新设计，实现了当今 GPS 所有精密应用。目前，低成本 GPS 接收机通常可以同时接收 10 颗以上卫星信号，所有这些卫星信号都是以完全相同的频率进行广播。事实上，使用扩频 CDMA 方法几乎可以无限制地接收多颗卫星的信号。使用常规导航处理算法，接收 4 颗以上卫星信号的用户设备比仅有 4 颗卫星信号的设备，具有更准确地瞬时位置精度。这种稳健性还包括——自主完整性监测（RAIM），可隔离无法正常运行的卫星信号，以确保 GPS 导航解决方案的完整性，这对 GPS 又是一个重大贡献。

另一项技术，即载波跟踪技术，是通过 GPS 卫星广播信号中的测距码和载波的一致性来实现的。当与某种形式的差分 GPS 相结合时，相对定位精度可以达到空前的高度——通常优于 1 毫米。例如，测绘人员可以将三维位置解析到这么高的精度，甚至是普通的用户设备也可以利用信号的一致性，实现高精度测量。GPS 接收机是通过采用 Hatch/Eschenbach 滤波器来实现的，该滤波器使用重建的载波信号来平滑测距码的测量信息，大大降低了原始测距码的测量噪声。

通过将 GPS 接收机与惯性导航组件深度集成，可以大幅增强 GPS CDMA 信号的处理，使得 GPS 接收机能够具备较强的抗干扰能力。

1966 年之后，美国空军宇航局与马格纳沃克斯公司对 CDMA 信号结构开展了广泛的研究，一大批专家参与其中。有马格纳沃克斯公司的工程师鲍勃·戈尔德，他在 1967 年发明了"测距码获取"技术，这些测距码在数学上看起来不相关；有 JPO 聘请的全球公认的数字信号处理领域权威吉姆·斯皮尔克博士，他对此做出了巨大的贡献；还有马格纳沃克斯的另一位世界级专家查理·卡恩也是 CDMA 信号设计的主要贡献者；等等。GPS 信号的具体设计是在一大批专家的共同努力下才得以实现的。

到了 1969 年，CDMA 信号已经开始应用于许多通信领域中。采用这种信号进行导航，初期也面临了很多需要解决的问题。我们今天很难想象，当时 GPS 信号面临的诸多问题必须在 1970 年得以解决是怎么实现的，621B 计划的巨大成功在于研制了 GPS 接收机，并在美国白沙导弹试验场围绕信号结构的设计问题，成功地完成了一系列试验测试。当时比尔·费斯不知疲倦地在白沙试验场分析、测试，GPS 最终才得以实现 5 米的定位精度，这些早先的测试几乎解决了当时所有的问题。无可辩驳的试验验证，使得 JPO 团队最终能够在 1973 年 9 月自信地选择 CDMA 信号。

支持 CDMA 的应用

1992 年，美国联邦航空管理局（FAA）赞助了斯坦福大学在商用飞机上开发和演示的第一个 III 类系统：飞机盲着陆。这项工作由克拉克·科恩领导着一群斯坦福大学学生开发。GPS 是位置和姿态测量的唯一传感器。载波跟踪接收机是基于 Trimble 接收机开发的，该系统依赖于 CDMA 信号结构的准确性和完整性。

使用类似的技术，同一实验室的另一组斯坦福大学学生展示了第一台 GPS 精确控制的农场机器人跟踪器。同样，该功能由 GPS CDMA 信号实现。

农用拖拉机机器人在斯坦福大学开发，得到了约翰迪尔公司的支持，该机器人跟踪测试速度为 5 米/秒，最大误差约 7.5 厘米，市场价值约 4

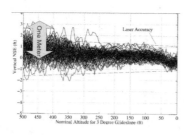

⬆ 首次使用 GPS 进行盲着陆测试，商用波音 737 飞机的 110 次着陆数据

⬆ 斯坦福大学开发的农用拖拉机机器人

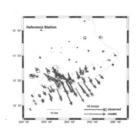

⬆ 夏威夷基拉韦厄火山滑动连续观测地球地壳运动，精度优于 1 毫米

亿多美元。

CDMA 信号功率的第三个例子是精确测量，重点是地球运动和地壳跟踪。

纵观 GPS 历史发展的长河，许多核心技术聚集在一起才使 GPS 运行起来，但没有什么比 621B 计划在白沙试验场展示的 GPS CDMA 信号结构更具革命性了。实际上，GPS 的所有高精度应用自始至终都取决于该信号独特的优势。

GPS 作为一个系统，是许多先行技术和概念创新的集大成者，有些是全新的技术应用，有些是为了 GPS 应用做出的适应性改变，例如 CDMA 信号技术。在做出这些选择的过程中，JPO 整个团队是最精彩的产品设计者，在其背后则是举国之力带来的强大动力。

而两个最关键的基础是：

一方面，美国空军/621B 计划在 1964 年至 1966 年期间开展的广泛研究，探索了卫星方面几乎所有的可用测距技术，从主动测距到被动测距，以至于到卫星原子钟的研究。特别是，对四维 621B 概念的"四视图"进行了分析，使之成为 GPS 设计的基石，确保用户即使使用一个低成本低精度晶振时钟也能获取 GPS 高精度定位功能。

另一方面，621B 项目选择了 CDMA 信号并在白沙试验场成功演示无源测距技术，这些试验测试验证了单一频率、4 颗卫星的可行性，证明每个 GPS 用户设备不需要配备原子时钟也能进行高精度定位。

这两方面的基础是促成最终选择 CDMA 作为 GPS 信号结构框架的直接原因。

同样重要的是，621B 项目组找到了解决以下五个关键技术的可行解决方案：定义 GPS CDMA 信号结构具体细节；开发空间耐辐射、长寿命的原子钟；实现快速、准确的卫星轨道预测；确保并验证航天器的较长使用寿命；开发全系列的 GPS 用户设备。

在追溯起源时，最值得骄傲的是第一个导航卫星计划，即 APL 的过境计划。为了完成与美国海军签订的核潜艇合同，APL 开创了双频技术，校准了 GPS 信号在电离层的延迟误差，同时，艰难地开展了轨道精确预测项目研究。可以说，早期艰苦卓绝的努力，对于 GPS 的最终成功至关重要，意义非凡。

同样重要的是，NRL 强烈要求推行卫星频率的标准。虽然 JPO 反对伊斯顿的导航技术，但到 1973 年，NRL 的原子钟的长足进展使得决策者决定将原子钟用于罗克韦尔制造的第一颗 GPS 卫星原型机之中。具有讽刺意味的是，发射的前 4 颗 GPS 卫星上没有装配 NRL 的时钟，但是 NRL 坚持不懈的努力最终得到了回报，NRL 设计的铯原子钟可以与 Efratom/Rockwell 公司设计的铷原子钟相媲美，后来在 GPS 二期发射的卫星当中，也开始使用 NRL 的铯原子钟。

GPS 曾经作为美国军方的一个秘密工具，现在早已向全世界公开并供人们免费使用。人们可以自由使用 GPS，轻易得到他们自己想知道的时间和确切的位置。显然，GPS 已经惠及全人类——也许，这是连当初那个宏大的设想也没设想到的吧！

第4章
美国的全球定位系统
>>>

全球定位系统（Global Positioning System，简称 GPS），又称为全球卫星定位系统，是美国国防部研制和维护的中距离圆形轨道卫星导航系统。该系统包括太空中的 24 颗 GPS 人造卫星、地面的 1 个主控站、3 个数据注入站、5 个监测站以及用户端的 GPS 接收机，需要最少 3 颗卫星才能迅速确定用户端在地球上所处的位置及海拔高度。所能接收到的卫星信号数越多，GPS 解码出来的位置就越精确。其可以为地球表面 98% 地区提供准确的定位、测速和高精度的标准时间，可满足全球用户连续且精确确定三维位置、速度和时间的需求。

在 20 世纪 70 年代，美国政府开始研制 GPS 系统，并于 1994 年全面建成。使用者只需拥有 GPS 接收机即可享受该服务。GPS 信号分为民用的标准定位服务（SPS）和军用的精确定位服务（PPS）两种。由于 GPS 无须任何授权即可使用，原本美国担心敌对国家或组织会利用 GPS 对美国发动攻击，为降低 GPS 的精确度，在民用信号中人为地加入选择性误差（SA 政策），使其最终定位精确度大概在 100 米（军用的精度在 10 米以下）左右。

太空中的 GPS 卫星(效果图)

4.1 GPS 系统发展历程

前身

GPS 系统的前身为"子午仪"卫星定位系统，该系统于 1958 年开始研制，1964 年正式投入使用。系统由 5 到 6 颗卫星组成，每天最多绕过地球 13 次，无法给出高度信息，其定位精度也不能令人满意。然而，"子午仪"系统积累了卫星定位初步的经验，并验证了采用卫星系统进行定位的可行性，为 GPS 系统的研制奠定了坚实的基础。

卫星定位显示出了其在导航方面的巨大优越性，但"子午仪"系统同时在潜艇和舰船导航方面也存在巨大的缺陷，美国海陆空三军及民用部门都感到迫切需要一种新的卫星导航系统。

为此，美国海军研究实验室提出了 Timation 系统，该系统由 12 到 18 颗卫星组成，使用 10 000 千米高度的全球定位网，并于 1967 年、1969 年和 1974 年各发射了一颗试验卫星，在这些卫星上初步试验了原子钟计时系统，这是 GPS 系统精确定位的基础。

而美国空军则提出了 621B：以每星座 4 到 5 颗卫星组成 3 到 4 个星座的计划。该计划以伪随机码（PRN）为基础传播卫星测距信号，其强大的功能在于，当

⊙ 民用车内 GPS 装置

信号强度低于环境噪声的 1% 时也能将其检测出来。伪随机码的成功运用是 GPS 系统取得成功的一个重要基础。

海军的计划主要用于为舰船提供低动态的二维定位，空军的计划能提供高动态服务，由于系统比较复杂，同时研制两个系统会产生巨大的费用，两个计划又都是为了提供全球定位而设计的，所以 1973 年美国国防部将其合二为一，并由卫星导航定位联合计划局（JPO）领导，还将办事机构设立在洛杉矶的空军航天处。该机构成员众多，有美国陆军、海军、海军陆战队、交通部、国防制图局以及北约和澳大利亚的代表等。

GPS 计划

最初的 GPS 方案中将 24 颗卫星放置在互成 120° 的 3 个轨道上，每个轨道上有 8 颗卫星，地球上任何一点均能观测到 6~9 颗卫星。这样，粗码精度可达 100 米，精码精度为 10 米。后来由于预算紧缩，GPS 计划改为将 18 颗卫星分布在互成 60° 的 6 个轨道上，但卫星的可靠性得不到保证。1988 年又进行了最后一次修改：和现在的 GPS 卫星工作方式一样，在互成 60° 的 6 条轨道上有 21 颗运作卫星和 3 颗备份卫星。

计划实施

GPS 的实施计划可分为三个阶段。

第一阶段为方案论证和初步设计阶段。从 1978 年到 1979 年，由位于加利福尼亚的范登堡空军基地采用"双子座"火箭发射 4 颗试验卫星，卫星运行轨道长半轴为 26 560 千米，倾角 64°，轨道高度 20 000 千米。这一阶段主要研制地面接收机及建立地面跟踪网，其结果令人满意。

第二阶段为全面研制和试验阶段。从 1979 年到 1984 年，美国又陆续发射了 7 颗称为 BLOCK I 的试验卫星，研制了各种用途的接收机。实验表明，GPS 定位精度远远超过设计标准，利用粗码定位，其精度可达 14 米。

第三阶段为实用组网阶段。1989 年 2 月 4 日，第一颗 GPS 工作卫星发射成功，这一阶段的卫星称为 BLOCK II 和 BLOCK IIA。1993 年底，"21+3" GPS 星座已经建成，此后根据计划更换失效的卫星。

4.2 GPS 系统组成

空间星座部分

GPS 卫星星座原本设计了 24 颗卫星，其中包括21 颗工作卫星，3 颗备用卫星。在 6 个轨道平面上均匀分布 24 颗卫星，即每个轨道面上有 4 颗卫星。相对于地球赤道面，卫星轨道面的轨道倾角为 55°，各轨道平面的升交点的赤经相差 60°。这种布局可保证在全球任何地点、任何时刻至少可以观测到 4 颗卫星。

🌐 GPS 系统主要由空间星座部分、地面监控部分和用户设备三部分组成

由 GPS 系统的工作原理可知，卫星时钟的精确度越高，其定位的精度也越高。早期试验型卫星采用由霍普金斯大学研制的石英振荡器，相对频率稳定度为每秒 10^{-11}，误差为 14 米。1974 年以后，GPS 卫星采用铷原子钟，相对频率稳定度达到每秒 10^{-12}，误差 8 米。1977 年，BLOCK II 型采用了马斯频率和时间系统公司研制的铯原子钟后，相对稳定频率达到每秒 10^{-13}，误差降为 2.9 米。1981 年，休斯公司研制的相对稳定频率为每秒 10^{-14} 的氢原子钟使 BLOCK IIR 型卫星误差降至 1 米。

2011 年 6 月，美国空军成功扩展 GPS 卫星星座，调整了 6 颗卫星的位置，并多加入了 3 颗卫星。这使工作卫星的数目增加至 27 颗，扩大了 GPS 系统的覆盖范围，并提高了准确度。

地面监控部分

GPS 的地面监控部分主要由分布全球的 6 个地面站构成，其中包括卫星监测站、主控站、备用主控站和信息注入站。分别位于科罗拉多、葛底斯堡、夏威夷、南大西洋的阿森松岛、印度洋的迪戈加西亚和南太平洋的夸贾林。

主控站建立在美国科罗拉多州的谢里佛尔空军基地，它是整个 GPS 系统的"中枢神经"。

注入站目前有 4 个，位于科罗拉多、阿森松岛等地。注入站的主要设备包括一个大型天线、一台 C 波段发射机和计算机。它的主要作用就是将主控站推算的卫星星历、导航电文、钟差和其他控制指令，以一定的格式注入相应卫星的存储系统，并监测注入信息的准确性。

所有地面站是主控站控制下的数据自动采集中心，它们都有监测站的功能，其主要作用是对 GPS 卫星数据和当地的环境数据进行采集、存储并传送给主控站。站内配备有 GPS 双频接收机、高精度原子钟、计算机和若干环境参数传感器。接收机用来采集 GPS 卫星数据、监测卫星工作状况。原子钟提供时间标准。环境参数传感器则收集当地有关的气象数据。所有数据经计算机初步处理后存储并传送给主控站，再由主控站做进一步的数据处理。

用户设备部分

用户设备主要为 GPS 接收机，主要作用是从 GPS 卫星收到信号并利用传来的信息计算用户的三维位置及时间。

GPS 辅助系统

辅助全球卫星定位系统（Assisted Global Positioning System，简称：AGPS）是一种在一定辅助配合下进行 GPS 定位的系统。配合传统 GPS 卫星信号，该系统可以利用手机基站的信号，让定位的速度更快。一般而言，GPS 使用太空中的 24 颗人造卫星来进行三角定位，以获得经纬度坐标，但这通常需要一个可视天空的开放环境和至少 4 颗 GPS 卫星信号才能进行 3D 定位。利用手机基站的信号，辅以连接远程服务器的方式下载卫星星历，再配合传统的 GPS 卫星接收器，AGPS 会让定位的速度更快。

普通的 GPS 系统是由 GPS 卫星和 GPS 接收器两部分组成。而在

AGPS 系统中还有一个辅助服务器。通常情况下，一个标准的 GPS 接收器需要至少 3 颗 GPS 卫星才能进行 2D 定位，同时还需要有足够的处理能力把卫星的数据转换成坐标。而在使用 AGPS 定位方式时，在 AGPS 网络中，接收器可通过与辅助服务器的通信获得定位辅助。定位的计算任务是由辅助定位服务器完成的。

 ## 4.3 GPS 定位误差

GPS 在定位过程中出现的各种误差根据来源可分为三类：与卫星有关的误差、与信号传播有关的误差及与接收机有关的误差。这些误差对 GPS 定位的影响各不相同，且误差的大小还与卫星的位置、待定点的位置、接收机设备、观测时间、大气环境以及地理环境等因素有关。因此针对不同的误差有不同的处理方法。

GPS 差分技术

GPS 分为 2D 导航和 3D 导航。3D 导航是指使用至少 4 颗及 4 颗以上卫星完成的定位，定位的位置信息包括经度、维度、高程。2D 导航是指接收机只有 3 颗卫星用于定位，高程值使用一个常数解出经度、纬度信息，此时的高程值是不准的。3D 相比于 2D 定位，其定位精度更高。但在卫星信号不够时无法提供 3D 导航服务，且海拔高度明显不够的情况下，导航信息有时达到 10 倍误差。如卫星定位仪在高楼林立的地区，捕捉卫星信号就要花较长时间，并且精度难以保证。

为了提升民用的精确度，还有另外一种技术，称为差分全球定位系统（Differential GPS），简称 DGPS。亦即利用附近的已知参考坐标点（由其他测量方法所得），来修正 GPS 的误差，再把这个即时（real time）误差值加入本身坐标运算考虑，便可获得更精确的数值。

4.4 GPS 功能概述

GPS 的功能大致总结如下：

精确定时：广泛应用在天文台、通信系统基站、电视台中；

工程施工：道路、桥梁、隧道的施工中大量采用 GPS 设备进行工程测量；

勘探测绘：野外勘探及城区规划。

导航

武器导航：精确制导导弹、巡航导弹；

车辆导航：车辆调度、监控系统；

船舶导航：远洋导航、港口/内河引水；

飞机导航：航线导航、进场着陆控制；

星际导航：卫星轨道定位；

个人导航：个人旅游及野外探险。

定位

车辆防盗系统、公共交通运输工具定位；

手机、PDA、PPC 等通信移动设备防盗，电子地图，定位系统；

儿童及特殊人群的防走失系统；

精准农业，如农机具导航、自动驾驶，土地高精度平整等。

提供时间数据

用于给电信基站、电视发射站等提供精确同步时钟源。

GPS 的应用广泛，可用在军事、商业、地理、运输以及通信行业。军事上的应用，如洲际弹道导弹；商业上的应用，如物流电话、移动电话、数码相机等；地理上，如地理信息系统、车载信息系统、卫星地图等；运输业方面如航空运输，通信业如需用到的通信时钟等。

4.5 GPS 的七大特点

GPS 系统拥有许多特点，归纳起来最主要的有以下七点：

1. 定位精度高。

应用实践已经证明，GPS 相对定位精度在 50 千米以内可达 10^{-6}，100~500 千米可达 10^{-7}，1000 千米可达 10^{-9}。在 300~1500 米工程精密定位中，1 小时以上观测的解其平面位置误差小于 1 毫米，与 ME-5000 电磁波测距仪测定的边长比较，其边长校差最大为 0.5 毫米，校差中误差为 0.3 毫米。

2. 观测时间短。

随着 GPS 系统的不断完善和软件的不断更新，目前，GPS 在 20 千米以内相对静态定位，仅需 15~20 分钟；快速静态相对定位测量时，当每个流动站与基准站相距在 15 千米以内时，流动站观测时间只需 1 到 2 分钟，并可随时定位，每站观测只需几秒钟。

3. 测站间无须通视。

GPS 测量只要求测站上空开阔，不要求测站之间互相通视，因而不再需要建造观标。这一优点既可大大减少测量工作的经费和时间（一般造标费用约占总经费的 30%~50%），同时也使选点工作变得非常灵活，可省去经典测量中的传算点、过渡点的测量工作。

4. 可提供三维坐标。

经典大地测量将平面与高程采用不同方法分别施测。GPS 可同时精确测定测站点的三维坐标。目前 GPS 可满足四等水准测量的精度。

5. 操作简便。

随着 GPS 接收机的不断改进，自动化程度越来越高，有的已达"傻瓜化"的程度；接收机的体积越来越小，重量越来越轻，极大地减轻了测量工作者的工作紧张程度和劳动强度，使野外工作变得轻松愉快。

6. 全天候作业。

GPS 卫星的数目较多，且分布均匀，保证了地球上任何地方任何时间至少可以同时观测到 4 颗 GPS 卫星，确保实现全球全天候连续的导航定位服务（可在一天 24 小时内的任何时间进行，不受阴天黑夜、起雾刮风、下雨下雪等气候的影响。除打雷闪电天气不宜观测）。

7. 功能多、应用广。

GPS 系统不仅可用于测量、导航，还可用于测速、测时。测速的精度可达 0.1 米/秒，测时的精度可达几十毫微秒。

4.6 GPS 现代化部署

从 1978 年发射第一颗 GPS 试验卫星，到 GPS 卫星 1994 年正式宣布投入完全服务，前后只花费了 17 年的时间。

而从 1996 年美国宣布实施 GPS 现代化至今，已经超过 20 年。由现在的情况看，完成现代化可能要到 2025 年以后，与开启 GPS 的 PNT（定位导航授时，即 Postioning，navigation and timing，简称 PNT）时代相结合。

由此可见，GPS 现代化要整整耗费 30 余年的时间，远比建设 GPS 的时间要长。GPS 建设费用当时大约为 100 亿美元，而今历经 30 多年，每年平均花费大概为 10 亿多美元，可见其现代化和维持费用累计数额巨大。每年斥巨资推进 GPS 现代化，其目的是更新 GPS 的整体性能。更新的性能主要包括新的军用和民用信号、改进 GPS 的总体性能、推动美国的国家政策，确保在提供 GPS 全球服务和 GNSS（全球导航卫星系统，即 Global Navigation Satellite System，简称 GNSS）全球应用上的领先地位，让其他 GNSS 难以望其项背，令真正坚持事实胜于雄辩的科学智者不会轻言超过它。

目前，GPS 现代化进程强调的是：集成专项计划关键要素，发挥系统强大能力，开发专才和领军者，定义未来。在最近召开的美国国家 PNT 咨询委员会上，隶属于空间与使命系统中心的 GPS 董事会发表题为"GPS/PNT 现代化进展：GPSIII、MGUE（军用 GPS 用户设备）、加速 M-码（军码的一种）的现状和弹性 PNT"的报告，并提交了 GPS 专项计划的概貌及其发展路线图。

GPS 的现代化进程主要在其空间段、地面运控段和用户段这三方面进行规划部署。

新一代 GPS 空间段计划已经表明，其空间飞行器（SV）所构成的星座，是为地面运控段和用户段提供统一 S 波段和 L 波段的遥测遥控。在今后相当长的时期内，GPSIII 将与 GPSIIF 和 IIR/IIRM 将一起开展导航服务。GPSIII 正处于实施的第一阶段，它包括 10 颗 GPSIII 卫星，其第一颗卫星于 2018 年 12 月 18 日在佛罗里达州的卡纳维拉尔角空军基地发射。其后，第二阶段的 GPSIII-F 卫星要到 2020 年才发射 22 颗中的第一颗。

GPS 现代化专项计划能够这样一拖再拖，一改再改，并且能够做到胸中有数，其中的关键原因是 GPS 卫星的工作寿命大幅度延长。有一颗 GPSIIA 卫星是在 1993 年 10 月 26 日发射入轨的，至今已是 25 年有余，目前仍然在提供服务。GPSIII 卫星设计的工作寿命提升为 15 年。当然，风险也来自这方面，因为在轨工作的 GPS 卫星，其中有一半以上已经工作超过 10 年，许多也已经远远超过使用寿命。

GPSIII/III-F 卫星继续保持原有 GPS 卫星上的核侦察系统（NDS）上下行电路，为 L 波段提供下行导航服务。

在 GPS 现代化专项计划中，最为保险的是空间段的卫星，已经成为第三代 GPS 卫星。其中 GPSIII 前 6 颗卫星已经先后投产，第一颗已经于 2018 年 5 月 28 日发射，第三颗卫星准备在 2019 年 7 月发射，第六颗卫星也已上总装线。GPSIII-F 卫星在 2018 至 2020 年间，完成计划审批和合同签订，研发生产测试联调期共 6 年，预计到 2026 年二季度发射第一颗卫星。

在 GPS 现代化专项计划中，关键性的运控段一直困难重重。运控段负责空间段资源的遥测、跟踪和指令，向外部接口分发有用数据。

GPS 新一代的运控段（OCX）主要包括 6 个行动计划，它们分别为：运控系统/总体架构演变计划（OCS/AEP）、GPSIII 应急运作（COPS）、M-码早期应用（MCEU）、OCX Block 0、OCX Block 1 & 2 以及可用性选择与电子欺骗模块（SAASM）使命计划系统（SMPS）。

用户设备在 GPSIII 的发展阶段，已经得到了足够的重视，实施军用GPS 用户设备（MGUE）增量计划 1 和 MGUE 增量计划 2，并逐步加以推进。MGUE 已经审批，并开展集成与测试。进行 MGUE 增量计划 1 在海事应用、空军应用、海军应用和陆军应用的多种多样的集成与测试，直到 2020—2021 年。MGUE 增量计划 2 将一直持续不断地延续下去。

值得注意的是，GPS 现代化专项计划的重点是形成军事应用能力。从 2017 年开始，所有空中带有军（M）码的卫星已经设置健康标志，2017—2018 年在空中自动形成军码，2019—2021 年间利用 GPSIII 进行军码测试，并在 OCS 运营中采用核心军码，在 2022—2023 年，要实现天地一体的完全军码使用。到 2024 年，达到星座管理（CM）IOC/FOC，PNT IOC，以及双频民用导航（DFCN）IOC/FOC，GPS/PNT 现代化形成雏形。其中，最关键目标时间点是在 2020 年，口号是"2020 年要将M 码送到战斗员的手中"。

 ## 4.7 GPS 基准站发展

GPS 技术在城市测量中的作用已越来越重要。当前，采用多基站网络 RTK（载波相位差分技术）建立的连续运行（卫星定位服务）基准站，简称为 CORS，已成为城市 GPS 应用的发展热点之一。CORS 系统是一种综合产物，它集卫星定位技术、计算机网络技术、数字通信技术等高新科技为一体。CORS 系统可分为五部分：基准站网、数据处理中心、数据传输系统、定位导航数据播发系统、用户应用系统，各基准站与监控分析中心间通过数据传输系统连接成一体，形成专用网络。

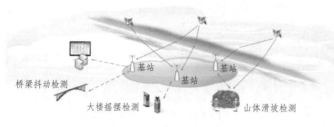

桥梁抖动检测
大楼摇摆检测
基站
基站
基站
山体滑坡检测

GPS 基准站工作示意图

CORS 系统可以获取各类空间的位置、时间信息及其相关的动态变化。通过建设若干永久性连续运行的 GPS 基准站，提供国际通用格式的基准站站点坐标和 GPS 测量数据，可满足各类不同行业用户对精度定位、快速实时定位以及导航的要求，能及时地满足城市规划、国土测绘、地籍管理、城乡建设、环境监测、防灾减灾、交通监控、矿山测量等多种现代化、信息化管理的社会要求。

CORS 基准站组网的必要性

基准站网由一定范围内均匀分布的基准站组成。基准站网主要负责采集 GPS 卫星观测数据并输送至数据处理中心，同时提供系统完好性监测服务。

由于建立了 CORS 系统，测绘的速度与效率大大提高了，测绘劳动强度和成本也降低了，省去了测量标志保护与修复的费用，各项测绘工程实施过程中的控制测量费用可节省近 30%。

由于城市建设速度加快，对 GPS 的 C、D、E 级控制点破坏较大，一般在 5~8 年需重新布设，各测绘单位不是花大量的人力重新布设，就是仍以支站方式布设，这不但保证不了精度，还造成了人力、物力、财力的大量浪费。随着 CORS 基站的建设和连续运行，逐渐形成了一个以永久基站为控制点的网络，可以利用已建成的 CORS 系统对外开发使用。

CORS 系统的作用

CORS 系统可以对灾害进行快速预报，对工程建设进行实时、有效、长期的变形监测。CORS 系统将为城市诸多领域如气象、车船导航定位、物体跟踪、公安消防、测绘、GIS 应用等提供精度可达厘米级的动态实时

GPS 定位服务, 这能极大地加快该城市基础地理信息的建设。

CORS 的建成能使更多的部门和更多的人使用 GPS 高精度服务, 在城市经济建设中发挥重要作用。其将进一步为城市提供良好的建设和投资环境, 带给城市的社会效益和经济效益是不可估量的。

传输系统

各基准站的数据一般是通过光纤专线传输至监控分析中心, 该传输系统包括数据传输硬件设备及软件控制模块。

播发系统

系统通过移动网络、UHF 电台、Internet 等形式向用户播发定位导航数据。

CORS 系统应用情况

应用系统主要包括五个部分: 用户信息接收系统、网络型 RTK 定位系统、事后和快速精密定位系统以及自主式导航系统和监控定位系统。根据用户应用的精度的不同, 用户服务子系统可以分为毫米级用户系统、厘米级用户系统、分米级用户系统、米级用户系统等; 而按照用户的应用方向不同, 可以分为测绘与工程用户 (厘米、分米级), 车辆导航与定位用户 (米级), 高精度用户 (事后处理)、气象用户等几类。

与传统 RTK 测量作业相比, CORS 系统的优势主要体现在: (1) 系统改进了初始化时间, 从而扩大了有效工作的范围; (2) 采用连续基站, 用户随时可以观测, 使用方便, 提高了工作效率; (3) 拥有完善的数据监控系统, 可以有效地消除系统误差和周跳, 增强差分作业的可靠性; (4) 用户无须架设基准站, 真正实现单机作业, 节省费用; (5) 采用固定可靠的数据链通信方式, 减少了噪声干扰; (6) 提供远程 Internet 服务从而实现了数据的共享; (7) GPS 在动态领域的应用范围扩大了, 这更有利于车辆、飞机和船舶的精密导航;(8)为建设数字化城市提供了可能。

CORS 系统处理中心

系统控制中心主要用于接收各基准站数据, 进行数据处理, 形成多基准站差分定位用户数据, 组成一定格式的数据文件, 分发给用户。数据处理中心是 CORS 的核心单元,也是实现高精度实时动态定位的关键。数据处理中心 24 小时连续不断地根据各基准站所采集的实时观测数据在区域内进行整体建模解算，自动生成一个对应于流动站点位的虚拟基准站（包括基准站坐标和 GPS 观测值信息），并通过现有的数据通信网络和无线数据播发网，向各类需要测量和导航的用户以国际通用格式提供码相位/载波相位差分修正信息，以便实时解算出流动站的精确点位。

 # 4.8 GPS 高精度差分系统

高精度差分 GPS 是首先利用已知精确三维坐标的差分 GPS 基准台，求得伪距修正量或位置修正量，再将这个修正量实时或事后发送给用户（GPS 导航仪），对用户的测量数据进行修正，以提高 GPS 定位精度。

三类差分定位

根据差分 GPS 基准站发送的信息方式的不同，可将差分 GPS 定位分为三类，即：位置差分、伪距差分和相位差分。

这三类差分方式的原理都是由基准站发送改正数，由用户站接收并对其测量结果进行改正，以获得精确的定位结果。所不同的是，发送改正数的具体内容不一样，其差分定位精度也不同。

位置差分原理

位置差分原理是一种最简单的差分方法，现有的任何 GPS 接收机均可改装组成这种差分系统。位置差分法适用情况为用户与基准站间距离在 100 千米以内。

伪距差分原理

这种差分技术是用途最广的一种技术。几乎所有的商用差分 GPS 接收机均采用该技术。

在基准站上的接收机要得到它至可见卫星的距离，并将此计算出的距离与含有误差的测量值加以比较。利用滤波器将此差值进行滤波并求出其偏差。然后再将所有卫星的测距误差传输给用户，用户利用此测距误差来改正测量的伪距。最后，用户利用改正后的伪距来解出本身的位置，就能够消去公共误差，提高定位精度。

伪距差分技术能将两站的公共误差抵消，但随着用户到基准站距离的增加又会出现系统误差，任何差分法都不能消除这种误差。用户和基准站之间的距离对精度有直接和决定性的影响。

载波相位差分原理

载波相位差分技术又称为 RTK 技术（Real Time Kinematic），它建立的基础是实时处理两个测站的载波相位。它能实时提供观测点的三维坐标，精度能达到厘米级。

和伪距差分的原理一样，二者均由基准站通过数据链实时将其载波观测量及站坐标信息一同传送给用户站。用户站接收 GPS 卫星的载波相位与来自基准站的载波相位，并组成相位差分观测值进行实时处理，能实时给出厘米级的定位结果。

实现载波相位差分 GPS 的方法分为两类：修正法和差分法两种，修正法与伪距差分相同，基准站将载波相位修正量发送给用户站，以改正其载波相位，然后求解坐标。而差分法是将基准站采集的载波相位发送给用户台进行求差解算坐标。修正法为准 RTK 技术，差分法为真正的 RTK 技术。

 ## 4.9 GPS 增强系统

GPS 增强系统是一个提高定位、导航和定时的精确性、完整性、可靠性和可用性的系统。有许多对 GPS 的增强系统，可以使 GPS 满足用户在定位、导航和定时（PNT）方面的特殊要求。GPS 的增强系统包括但不仅限于如下的各项。

全国差分 GPS 系统（NDGPS）

美国 NDGPS 是由联邦铁路管理局、美国海岸警卫队和联邦公路管理局经营和维护的地面增强系统，它为地面和水面的用户提供更精确的GPS 信号。NDGPS 是按照国际标准建造的，目前，世界上 50 多个国家已经采用了类似的标准。

广域增强系统（WAAS）

WAAS 是由美国联邦航空管理局（FAA）经营的一个以卫星为基地的增强系统，它为飞行器航行的各阶段提供导航。今天，这种功能已经被广泛地运用到其他领域，因为这种类似 GPS 的信号可以由简单的接收机处理，并不需要额外的设备。使用国际民航组织（ICAO）的标准，FAA 继续与其他国家合作来为任何区域的所有用户提供完善的服务。其他 ICAO 标准的空间增强系统包括：欧洲的对地静止卫星导航重叠系统

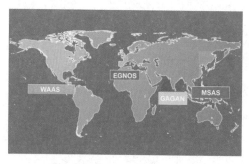

🔊 广域增强系统（WAAS）分布图

（EGNOS），印度的 GPS 和地球导航增强系统（GAGAN），以及日本的多功能传送卫星（MTSAT）、卫星增强系统（MSAS）。所有这些国际的应用都是以 GPS 为基础的。FAA 将改善 WAAS 以利于未来的GPS 生命安全信号提供更好的服务，还将在全球推广实行这些新的功能。

连续运行基准站（CORS）

美国 CORS 网络是由国家海洋大气管理局管理，它负责保存和分发GPS 数据，主要通过后期处理为精确定位和大气模型的应用服务。CORS正在被现代化更新以支持实时的用户。

全球差分 GPS（GDGPS）系统

GDGPS（全球差分 GPS）系统是一个完整、高精度、可靠性极强的实时 GNSS（全球导航卫星系统）监测和增强系统。借助于地面大型网络的实时参考站接收机，采用创新的网络体系结构、实时数据处理软件，GDGPS 系统能够为世界任何地方，提供亚分米级（<10 厘米）定位精度

和亚纳秒级的时间传输精度。GPS、"格洛纳斯""北斗"及"伽利略"都可以提供完整的 GDGPS 服务。

GDGPS 是由喷气推进实验室（JPL）开发的高精度 GPS 增强系统，用来支持美国国家航空航天局（NASA）科学任务所要求的实时定位、定时和轨道确定需要。NASA 今后的计划包括利用跟踪和数据转播系统（TDRSS）通过卫星发布一个实时差分改正信息。这个系统被称作 TDRSS 增强服务卫星（TASS）。

⬆ 连续运行基准站（CORS）分布图

国际 GNSS 服务（IGS）

IGS 是由来自 80 个国家的 200 个组织提供的 350 个 GPS 监控站所组成的一个网络。它的使命是按照全球导航卫星系统（GNSS）的标准提供最高质量的数据和产品来支持地球科学研究、跨学科应用和教育事业，并且促进其他有益于社会的

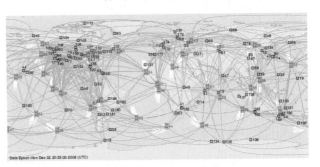

⬆ 全球差分 GPS（GDGPS）站主要分布图

⬆ 国际 GNSS 服务（IGS）分布图

活动。大约有 100 个 IGS 监控站可以在收集资料后 1 小时之内播出他们的跟踪数据。

其他增强系统

在世界范围内还有其他的增强系统，包括政府的和商业的。这些系统使用差分的、静态的或实时的技术。此外，其他卫星导航系统也有增强版。美国为确保国际增强系统与 GPS 和美国 GPS 增强系统的兼容性而正与许多国家展开合作。

4.10 GPS 典型应用

GPS 的应用广泛，可用在军事、商业、地理、运输以及通信行业。军事上的应用，比如洲际弹道导弹；商业上的应用，比如物流管理，移动电话，数码相机等；地理上，比如地理信息系统，车载信息系统，卫星地图；运输业，比如航空运输，通信的 GPS 时钟。

由于 GPS 具有免费、公开和很高的可靠性性能，全世界的用户开发了 GPS 的多种新用途，几乎涉及现代社会的方方面面。这里描述的各种用途仅仅是举例说明。GPS 的新用途每天层出不穷，只有想不到，没有做不到的。

GPS 在农业领域的应用

GPS（全球定位系统）与 GIS（地理信息系统）的结合使得发展和应用精准农业以及从事因地制宜的耕种成为可能。这些技术使实时的数

利用 GPS 系统进行精准收割

据收集与精确的定位信息得以合二为一，从而使大量的地理空间数据得到有效的操作与分析。在精准种植中，GPS 可应用于耕种规划、耕地绘图、土壤取样、拖拉机导航、庄稼监测、变率应用以及收成绘图等。GPS 让农民能够在雨、尘、雾及黑暗等能见度低的条件下工作。

过去，由于耕地的多变性，农民很难使生产技术与庄稼收成相互关联。这就限制了他们制定最有效的土壤/植株护理办法以提高产量。如今，精准农业使精确地施用杀虫剂、除草剂、肥料成为可能，从而降低了成本、提高了产量、并创造了更加环保的农场。

相对于传统农业，精准农业的最大特点是：以高新技术投入和科学管理换取对自然资源的最大节约和对农业产出的最大索取。也就是以最少的或最节省的投入达到同等或更高的收入，并改善环境，通过高效地利用各类农业资源取得经济效益和环境效益。

很多人以为精准农业只能由那些具有应用信息技术经验，有能力进行高投资的大型农场实施，其实并非如此，有很多价格低廉且易于使用的方法和技术，普通农户都可以使用。通过 GPS、GIS 和遥控传感，可以收集到改良土地和水的利用的有关信息。再通过一系列软件应用技术，进行信息的统计分析解读，并以网站或手机 App 的方式呈现给农户，来指导农业生产活动。

⌖ GPS 在精准农业上的应用(一)

GPS 设备的制造厂家开发了一些工具，用来帮助农户和农业企业在他们的精准耕种活动中更加高产和高效。今天，很多农户都使用 GPS 产品来提高他们种植业的操作水平。GPS 接收机收集当地信息，用来测绘耕地边界、道路、灌溉系

⌖ GPS 在精准农业上的应用(二)

统以及受灾庄稼的地图。GPS 的准确性使农户得以测绘有精确耕地亩数、道路定位以及两点之间距离的农场图。GPS 还可以帮助农户年复一年精确地在田野的特定地点采集土壤样本或监测收成情势。

而由 GPS 定位的坚固耐用的数据收集仪，可以用来准确地测绘虫灾或草灾地图。虫灾地区能够被确认并绘制成图，以便将来进行管理时使用。同样的耕地资讯也可以供空中喷洒的飞机使用，在不必使用人力引导的情况下保证飞行区域的准确度。配备了 GPS 的空中喷洒机可以在耕地上空准确地飞行，只在需要的区域喷洒化学药剂，降低化学药剂的飘散，减少使用的化学药剂量，从而保护环境。

随着 GPS 现代化的继续发展，农户与农业服务人员可以期待看到更多的改进。除了 GPS 目前提供的民用服务外，美国承诺还要应用 GPS 卫星上第二和第三个民用信号,新的信号会提高未来农业运作的质量和效率。

GPS 在航空领域的应用

由于 GPS 的精确性、连续性和全球性，GPS 可以提供完美的卫星导航服务，满足航空用户的许多要求。世界各地的飞行员都在利用 GPS 来提高飞行安全和效率。因为以空间为基地的定位和导航可以在飞行的所有阶段确定三维的位置，从起飞、飞行和降落，到机场的地面导航。

区域导航充分说明了 GPS 角色的重要。区域导航允许飞机在用户选择的路线上从一个定点飞到另一个定点，而这些定点并不需要地面基础设施的参照。在飞行区域内没有适当的地面导航帮助或监控设备时更是如此。

由 GPS 创造出的新的和更高效的空中路线正在不断地扩展，这节省了大量的时间和金钱。许多时候，在数据匮乏的区域（例如海洋上空）飞行使用 GPS 可以安全地减少飞机之间的距离，而且可以使航空公司选择他们喜欢的、高效的航线，以节省时间和燃料，增加货运收入。

在世界上有些地区，卫星信号被增强，是为了适应特殊的航空需要，比如飞行器在低能见度条件下的降落。即使在那些情况下，甚至还可以有更精确的操作。

现在，GPS 技术正在被不断地改善，这对航空界来说是个好消息。

民用现代化过程中的一个主要组成部分是增加了两个新信号，这些信号是对现有民用服务的补充。其中第一个新信号是为一般的非安全或危急用途使用的。第二个新信号将由国际社会提供保护，用于航空导航。这个增加的生命安全民用信号将使GPS能够对许多航空应用提供更可靠的导航服务。

第二个生命安全信号带来的利益将远大于现有的GPS服务。这个信号通过使用双频率航空电子设备，在全世界范围内为机场的仪器降落系统（盲降系统）提供帮助。双频率的意义是同时使用双重信号来显著减少电离层干扰所产生的错误信号。这将增强整个系统，包括提高准确性、可用性和整合性，并且在对地面设施少量投资或没有投资的情况下使航空设备准确降落。

GPS 在飞机上的应用

GPS 被广泛应用于航空领域

依靠GPS作为空中交通管理系统的基础是许多国家计划的一个重要部分。那些正在利用GPS的航空当局已经看到并记录了飞行空间用户和服务提供者所节省的航行时间、工作量和运行成本。GPS还是许多其他航空系统的一个关键组成部分，例如增强的地面接近警告系统（EGPWS）就已经被证明可以成功地减少受控飞行撞击地面的危险性，而这正是造成很多飞机失事的主要原因。

GPS 在环境领域的应用

要想在保持良好的地球环境的同时满足人类的需求，就需要根据地球最新信息做出更好的决定。对于需要做出这类决定的政府与私人组织来说，准确和及时地收集信息是一个极大的挑战。而GPS可以轻而易举地帮助他们完成这项工作。

数据收集系统可以为决策人士提供散布在好几千米土地上物体的说明性资料以及准确的定位信息。把定位信息和其他形式的数据连接起来，

↑ 利用 GPS 对自然环境进行保护

↑ 用 GPS 观测的亚马孙热带雨林砍伐前后的照片

↑ 2010年，GPS 帮助清理人员应对墨西哥湾的大规模石油泄漏

就可以从新的角度来分析各种环境问题。将 GPS 收集到的定位数据输入地理信息系统（GIS）软件，使空间方面和其他方面的信息一同得到分析。这种分析使我们能够了解某种情况，比用传统工具得到的情况更加完整。

一些空中研究借助 GPS 技术对世界上一些很难进入的原野区域里的野生动物、地形以及人类基础设施做出评估。通过把影像用 GPS 坐标定位，就可以评估养护工作的成果以及协助拟定战略计划。

一些国家收集和使用地图信息来安排他们的管理计划，例如控制对采矿业权益费的征收、划分边界以及森林采伐等。

GPS 技术有助于了解环境并预测其变化。把 GPS 数据整合到气象云图中可以确定大气层中水汽的成分，从而提高天气预报的准确性。GPS 潮汐追踪站点的普及使用以及通过 GPS 测量来估算某个站点位置的垂直参数，为直接观测海洋潮汐提供了难得的机会。

附着在浮标上的 GPS 接收机可以追踪海上原油溢漏的移动情况。直升机可以使用 GPS 来勾画森林火灾的周界以便高效地使用灭火资源。

借助 GPS，濒危动物例如卢旺

达山地大猩猩的迁徙模式可以得到追踪和制图，这有利于保护正在减少的种群，改善它们的生存环境。

使用GPS的另外一个好处是取得重要结果的及时性。数码形式的GPS数据在世界任何地方、任何时间都可以被迅速地获得并进行分析。

🔊 带有GPS追踪装置的濒危动物僧海豹

也就是说，在几个小时或几天里就可以完成数据分析，而不是像过去那样需要几个星期或几个月。随着当今世界的高速发展，信息时效性显得极为重要。

GPS的现代化将进一步加强GPS技术对于研究与管理世界环境的支持。美国承诺还要增加两个民用信号，以便为生态学及养护工作提供更准确、更方便、更可靠的服务。例如，在浓密植株覆盖的区域提供更为方便的GPS，以便减少在测绘详细植被地图时出现的空间错误，能够使热带雨林生态学获益。

GPS 在海运方面的应用

全球定位系统（GPS）改变了世界的运作方式，包括搜救在内的海上业务方面尤为如此。GPS 为海运业者提供了最快最准确的导航、测速及定位方法，提高了全世界海运业者的安全和效率水平。

无论是在大洋上或是在拥挤的港湾、水道中，知道自己船只的位置对船员导航非常重要。在海上，船要在条件许可的情况下安全、经济、及时地到达目的地，就必须知道准确的位置、速度以及航向。在船只离港或进港时，准确的定位信息就更为关键。交通及其他水

实时通信　　　　　　　　　　指挥/控制系统

智能浮标

🔊 全球定位系统智能浮标的应用

GPS 系统在海运方面的应用

VHF 是 Very High Frequency 的缩写，即甚高频，是指频带由 30MHz 到 300MHz 的无线电电波，波长范围为 1~10 米。此类电波多数是用作电台及电视台广播，同时又是航空和航海的沟通频道。

路险情使得船只回旋更为困难，事故风险也更大。海运业者和海洋学者越来越多地使用 GPS 资料来从事水下勘测、浮标安置，以及航海危险水域的定位及制图。商业船队使用 GPS 来寻找最佳捕捞地点，跟踪鱼群迁徙，并保证遵守捕捞规则。

差分全球定位系统（DGPS）是对 GPS 基本信号的改进，这项改进改善了港口导航。在它的覆盖区域内，海上操作提高了精准度和安全性。许多国家运用 DGPS 来从事诸如海上浮标安置、清理以及海底挖泥等操作。

世界各地政府及工业组织正在联合制订电子图表展示与信息系统的性能标准。这些系统使用 GPS 以及 DGPS 来获得定位信息。该系统正在彻底改变海洋导航方法，最终将取代航海图纸。有了 DGPS，定位及雷达信息可以被综合地展示在一个电子图表上，为各种商用船上装置的综合驾驶台系统奠定基础。

GPS 在海港设施管理方面扮演着越来越重要的角色。GPS 技术与 GIS 软件相结合，成为在世界上大的港口设施中高效管理与操作集装箱自动化定位的关键。通过对集装箱从进港到离港的跟踪，GPS 帮助人们完成了集装箱提取、转移及定位的自动化过程。鉴于港口每年都要承担数以百万计的集装箱货运，GPS极大地降低了丢失或错运集装箱的概率，减少了相关的运作成本。

GPS信息包含在一个称为"自动身份识别系统"（AIS）的传递系统中。AIS已被国际海洋组织认可，在繁忙的海路上用于船只交通控制。这个服务不仅对导航非常重要，而且能够使政府对商业船只及其承载货物有更好的了解，它已经越来越多地被用来加强海港及水路的安全。

AIS使用一个VHF（甚高频）海上波段的转发器系统，它能够允许船只到船只、船只到陆地之间的通信，传递诸如船只识别、地理位置、船只种类以及货运等信息，而且都是实时的、全自动的。由于船只的GPS定位包含在这些传递信息中，船只航行以及载运内容都可以自动上传到电子图表中。使用这个系统的船只其安全及保安都明显地得到了加强。可以说，GPS的现代化使海运业者有望得到更好的服务。

GPS公共安全与灾难救援应用

任何一个成功的救援行动，其关键因素就是时间。了解地标、街道、建筑、紧急服务资源以及救灾地点的准确位置，有助于减少延误并拯救生命。对于救援和公共安全人员来说，要保护生命、减少财产损失，这类信息极为重要，而GPS可以满足这些需要。

在诸如2004年印度洋地区的海啸、2005年墨西哥湾的卡特琳娜以及瑞塔飓风，还有2005年巴基斯坦—印度地区的地震等全球性灾难的救援中，GPS都扮演了不可或缺的角色。搜寻与救援队借助GPS、地理信息系统（GIS）以及遥感技术画出受灾地区图，供救援与救助行动使用，并评估灾情。

另外一个灾难救援的重要方面是管理野外火情。配置了GPS和红外探测仪的飞机可以确认火灾边界和"热点"，以控制和管理森林火灾。数分钟之内，火灾图就可以传送到消防员驻地的手提电脑上。配备了这些信息的消防员可以更高效地扑灭火灾。

🔵 自然灾害对人类的生命及生存造成威胁

GPS 在公共安全与灾难救援方面的应用(一)

GPS 在公共安全与灾难救援方面的应用(二)

在太平洋周围等地震频繁地区，GPS 在帮助科学家们预测地震方面扮演着越来越重要的角色。利用 GPS 提供的精确定位信息，科学家们能够研究地球张力是如何逐渐累积起来的，以便描绘地震，甚至在未来预测地震。

负责追踪风暴、预报水灾的气象人员也要借助于 GPS。他们可以通过分析大气层中传送的 GPS 数据来评估水蒸气的具体情况。

无论是帮助抛锚的汽车找到救援还是引导紧急车辆，GPS 已经成为现代灾难紧急反应系统必不可少的一部分。作为紧急救援车辆和其他专用车辆的国际通用定位标准，GPS 极大地提高了管理人员高效管理他们的应急队伍的能力，并能有效地发现及确认警察、火灾、救援队伍以及个别车辆或船只的位置及其与一个地理区域中交通系统网络的关系，给整个救援行动提供便利。自动化的 GPS 定位信息更是减少了派遣紧急救援服务时可能造成的延误。

把 GPS 并入移动电话网络给所有的普通用户提供了紧急定位能力。如今，在轿车上已被广泛使用的 GPS 定位系统，更使发展综合安全网络技术跨出了一大步。今天，许多水陆交通工具都装备了碰撞传感器和 GPS。这些信息一旦与自动通信系统结合，就能够在发生事故的人无法呼救的情况下代为发出信号。

GPS 的现代化将进一步辅助灾难救援和为公共安全服务，使全球因为遭遇灾难或事故的受害者得到更迅速地救助。

GPS 在铁路领域的应用

世界很多地方的铁路系统都把 GPS 与各类传感器、电脑及通信系统结合起来使用，以提高安全、保安以及运作效率。这些技术有助于减少事故、晚点及运作成本。铁路系统高效运作的一个必要前提是得到有关机车、车厢、机动保养车以及道旁设施的准确、实时的定位信息。

今天，保证高度安全、改进铁路运作效率以及增进铁路系统的能力是铁路运输行业的主要目标。与其他交通方式不同，铁路交通管理只有极其有限的灵活度。

GPS 在铁路系统方面的应用

许多铁路系统都有很长的单条轨道，而到数千个目的地的火车都必须共用这些单条轨道。要想避免列车碰撞、保证交通的顺畅、减少因等待轨道开放而造成的高成本列车晚点现象，准确地了解一列火车的位置是关键。只有依靠机务人员过硬的技术、准确的定时、动态的调度能力，以及在有限的平行轨道上安排的一些关键的"会车与让车"地点，才能保证列车调度人员引导火车安全运行。因此，为安全和高效起见，了解每一列火车的位置、状况以及整个系统状况都非常重要。

GPS 还能够通过了解火车位置以及提高与其他交通方式的连接能力来帮助制定可靠的时刻表。

DGPS 即差分全球定位系统，与 GPS 相比，在其覆盖区域内能提高精确度和安全性。DGPS 的定位信息能够使调度人员得以确认列车是在两条平行轨道的哪一条上。并可与其他定位与导航仪器配合使用来计算火车通过隧道、绕过山岭和其他障碍物的时间。DGPS 能够为铁路管理系统提供准确可靠的定位能力。

DGPS 已经成为"积极铁路控制"(PTC) 概念的一个要素。积极铁路控制的概念已经被世界很多地方采用，它是指通过给"高级指令与控制系统"提供精确的铁路定位信息来做出最佳运作计划。其中包含火车速度变化、线路变更以及让养路工人安全地上道和下道。

PTC 系统能够比以前更加准确地追踪火车的位置和速度，为铁路管理人员提供火车运行的信息，必要时他们可以强制规定速度和限制路权。通过更好地追踪火车位置与速度，PTC 提高了运作效率和轨道能量，保证了工作人员、旅客和货物的安全，同时也为在轨道上工作的人员提供了更加安全的工作环境。

DGPS 还有助于勘测和测绘铁路结构图，用于保养及对未来铁路系统的规划。通过使用 DGPS，人们可以为里程标、信号柱、道岔、桥梁、交叉路口、信号器材等精确地定位。

目前，GPS 的现代化使铁路工作人员可以为乘客提供更好的服务。乘客也因 GPS 在铁路系统的运用大大节约了时间成本，感受到发展带来的便利。

GPS 在体育娱乐领域的应用

户外探险活动具有许多危险性，其中最容易发生的就是在不熟悉和不安全的区域走失。通过 GPS 提供的精确定位减少了许多在这类活动中的危险。GPS 的接收机使许多常见的问题简单化，从而扩大了户外活动的范围，增加了乐趣，比如保持行走在正确的山路上或回到最好的钓鱼地点。

徒步旅行者、骑自行车的人和户外探险者也越来越依赖 GPS，而不是传统的纸质地图、指南针或地面标志。纸质地图无法保证最具时效的更新，指南针和地面标志也不一定能提供精确的位置信息。另外，黑暗的环境和恶劣天气也会造成方向或标志物识别的困难。

GPS 技术与电子地图相结合，帮助人们克服了在自由探险中的许多困难。GPS 手持机的用户在任何时间都能准确地获得自己的位置信息，同时也知道如何回到出发点。即无论你经过了多少条复杂的路线，GPS 都能够记录并帮助你回到一个定点。同样，钓鱼/捕鱼的人通常利用 GPS 信号来时刻了解自己的位置、航向、方向、速度、与目的地所剩距离，以及进行航行图测绘，回到鱼多的地点。

🎧 GPS 在户外探险方面的应用

新型 GPS 接收机的一个优点是它可以和计算机互相传送资料。喜欢户外活动的人可以下载有趣的探险点信息并与他人分享。马来西亚一个专为山地自行车迷建立的 GPS 网站就是这样一个例子。骑行者在网上贴出他们最喜爱的路线文件，使其他的骑行者可以去尝试这些路线。

打高尔夫球的人用 GPS 来测量球场内精确的距离以提高赛绩。GPS 还被应用于滑雪、业余飞行、驾船等体育娱乐项目中。

近年来，人们利用 GPS 技术甚至还创造出了一些全新的运动和户外活动。其中一个例子就是 Geocaching（一种把愉快的户外一天与寻宝活动合而为一的运动），另外一种新运动是 Geodashing（一个以预定 GPS 坐标为目的地的越野赛跑）。

几个国家为商业和运输业开发的各种 GPS 增强系统，也被户外活动迷用在了娱乐上。

GPS 的现代化计划将为所有用户创造更高的可靠性和可用性，比如在密林中使用——而这种环境恰恰是许多探险者最需要使用 GPS 功能的地方。

正在进行 Geocaching 活动的人

GPS 在公共交通系统车辆安全方面的应用（一）

GPS 在道路交通网上的运用

据估计，全世界每年由于高速公路、街道和交通系统堵塞造成的生产力损失高达几千亿美元。交通堵塞的其他负面影响包括财产损失、人身伤害、空气污染增加以及低效的燃料消费。

GPS 的使用可以增加高速公路和公共交通系统车辆的安全和效率。在 GPS 的帮助下，许多商用车辆的分派和调度可以明显地减少盲目性和低效率。同样，公交系统、道路

GPS 在公共交通系统车辆安全方面的应用（二）

维修和急救车辆所面临的调度及合理规划等种种问题也大大减少了。

当今广泛应用的车辆自动定位系统和车内导航装置都离不开 GPS。将 GPS 的定位技术与能够显示地理信息的系统相结合，并利用网络自动将数据传送到显示器或计算机系统，地面运输效率将大大提升。

地理信息系统（GIS）主要是储存、分析并且显示由 GPS 提供的地理参考信息。今天，GPS 被用来监视车辆的位置，为乘客提供车辆精确的到达时间。公共交通系统利用这种性能跟踪火车、公共汽车和其他服务系统，以提高准点率。

使用 GPS 技术来帮助跟踪和预测货运的动向，掀起了一场后勤工作的革命，这包括准时投递的应用。在准时投递系统中，卡车运输公司利用 GPS 跟踪以保证在预先承诺的时间内投递和取件，无论是短途或是跨时区的长途。每当一个订单进来，调度员只要敲一下电脑的功能键，屏幕上就可以出现一串卡车的名单，每一辆车的状态及完整详细的信息都可以显示出来。如果一辆卡车晚点或没有按预定路线行驶，系统就会给予调度员提示。

目前，许多国家使用 GPS 来勘测道路和高速公路网，确定路上或路边一些标志物的位置。这包括休息站、维修和紧急服务及补给、入口和出口、路面的损坏等。这些信息会被 GIS 数据收集并输入信息库。这个信息库帮助运输部门减少维修和服务成本，并且保证了公共交通的安全。

GPS 是未来智能运输系统（ITS）的一个基本元素。ITS 包含了在广大范围内的、以通信为基础的信息和电子技术。有科学家正在该先进系统的领域里进行研究，包括道路偏离和换线碰撞避免系统。这些系统需要在 10 厘米内精确地算出车辆相对于路面车道和路沿的位置。

随着 GPS 的不断现代化，可以预期会出现更为有效的系统来预防撞车、警告危险等有语音指示的车内导航装置。

GPS 在空间领域的应用

GPS 彻底改变和更新了许多国家在空间运作方面的方式，从载人飞船的导航系统到对通信卫星群的管理、跟踪和控制，再到从空间监视地球无一不依仗着 GPS。

GPS 在空间领域的作用包括：

（1）解决导航问题。用现有的达到空间使用水平的 GPS 设备和最少的地面工作人员，提供高精度的轨道确定。

（2）解决高度问题。以低成本的多重 GPS 天线和专门的算法程序，取代高成本的机载高度感受器。

（3）解决定时问题。以低成本的、具有精确时间的 GPS 接收机，取代昂贵的航天器原子钟。

（4）解决卫星群控制问题。为大量的空间器如通信卫星群的轨道维护控制，提供单一的联络点。

（5）解决编队飞行问题。由地面人员最少干预达到精确的卫星编队。

（6）虚拟平台构建应用方面。为高级别的科学追踪行动，如干涉测量提供自动化的"空间站保持"和相对位置服务。

（7）实现航天器跟踪。以高精度、低成本的 GPS 设备取代或增强跟踪雷达，以保证发射安全和自动飞行。

GPS在勘测与绘图领域的应用

勘测和绘图行业是最先应用 GPS 的行业。GPS 的应用，大大提高了此行业的工作效率，并且还使其得到了更为精确和可靠的数据。如今，GPS 已成为全球测绘工作的关键一环。

由熟练专业人员操作的 GPS 系统，可以提供最精确的测绘数据。与传统测绘工作相比，大大减少了测绘所需的设备和劳动量，效率也大大地提高了，一名勘测员现在一天完成的工作，相当于以前整支勘

GPS 系统在勘测与绘图方面的应用

测队几个星期的工作量。

借助于 GPS，人们可以绘制出精确的世界地图，绘制山川河流、街道建筑、水电管线以及其他资源的地形地貌。通过 GPS 勘测得到的特征，可以在地图上和地理信息系统内（GIS）得到显示。其中，地理信息系统的作用是存储、处理和显示地理参考数据。

与传统技术不同，GPS 勘测不受勘测站之间视线能见度限制的束缚。因此，在部署这些勘测站时，站与站之间的距离可以拉大，可以在任何能够看到天空的地点部署，而不再像以前那样，只能设在偏远的山头上。

在勘测海岸和水道时，GPS 的优势很明显。无论是海岸还是水道，这些地方都几乎没有陆基参照点，勘测船就将 GPS 定位与声呐技术相结合绘制海底地图，提醒航海者水深变化以及水下的危险。桥梁建筑师和海上石油钻井平台也常常依靠 GPS 进行精确的水文勘测。

陆地测绘人员可以在背包里携带 GPS 系统的接收机，或者将 GPS 系统安装在车辆上，以便收集到快捷、精确的数据。有些系统可以与参考接收器实现无线联络，提供持续、实时、精确到厘米的精确度，以前所未有的方式提高生产率。

世界各国政府、科学组织和商业机构都在广泛使用 GPS 和 GIS，并在其帮助下及时做出决策，以充分使用资源。任何组织或机构都可以运用 GPS 定位，并从中获益。

为了获得最高水平的精确度，多数勘测级的接收器使用两个 GPS 无线电频率：L1 和 L2。目前，L2 上并没有能够全面使用的民用信号，因此这些接收器利用一种使用"无码"技术的军用 L2 信号。正在实施的 GPS 现代化项目是在 L2 上添加一个专用民用信号。这种信号不必使用军用信号就可以支持高精度定位。GPS 还计划在 L5 频率上增加第三个民用信号，可以进一步加强功能。2020 年以后，政府将不再支持无码使用军用 GPS 信号。

GPS 在授时领域的应用

除了经度、纬度和海拔之外，GPS 还提供了一个关键的第四维参数——时间。每一个 GPS 卫星都装有多台原子钟，原子钟为 GPS 信号提供了非常精确的时间数据。GPS 接收机可以将这些信号解码，使得每一个接收机与那些原子钟同步。这就使用户能够以万亿分之一秒的精确度确定时间，不需要自己拥有原子钟。

🔊 GPS 在时间同步方面的艺术构想图

精确的时间对于世界上许多不同的经济活动至关重要。通信系统、电力网和金融网络都依赖精确的授时，来实现同步和运行的效率。免费的 GPS 授时功能，使得依靠精确授时的公司节约了成本，而且显著地提高了业务能力。

例如，无线电话和数据网络利用 GPS 的时间，来使他们所有的基地站完全同步。这就使得许多手机可以更有效地分享有限的无线电频谱。同样，数字式广播服务也利用 GPS 的时间来保证所有电台的信号单位同步传到收音机。这能使听众在换台时减少延迟。

授时正在迅速地成为许多行业的关键因素。随着对精确授时需求的增加，越来越多的用户选择了 GPS 技术。

世界各地的公司利用 GPS 来为商业交易做时间标记，提供一致的和准确的方法来保存记录并确保能够追踪。投资银行用 GPS 来使他们遍布世界的电脑网络同步。大企业和小企业都在使用能够追踪、更新和管理全球范围顾客网的多重交易的自动化系统，这些都需要通过 GPS 得到精确的授时信息。

美国联邦航空管理局利用 GPS 来协同管理遍布全美国的 45 个终端多普勒气象雷达，以便预报灾害性天气。

仪表是另外一个需要精确授时的应用。必须同时工作来精确测量一些事件的散布仪表网络，要保证在许多点上有精确的授时来源。任何工作如果需要仪器分散在各处而又要求精确授时，以 GPS 为准的授时就非常适合。例如，把 GPS 纳入地震监视网络就使得研究人员能够迅速找到地震位置和其他地震活动的震中。

电力公司和能源设施对时间和频率需要严格要求，才能有效地传送和分配动力。不断出现的停电事件使得电力公司了解到必须在整个电网中提高时间同步性。对这些停电事件的分析促使许多电力公司将基于 GPS 的时间同步设备引入发电厂和分电站。通过对电力事故的精确时间的分析，工程师们可以追查到断电的确切地点。

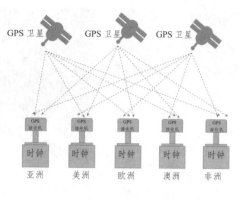

GPS 在时间同步方面的应用

有些用户，比如国家的实验室，要求的时间精确度要高于 GPS 提供的时间。这些使用者经常使用 GPS 卫星获取时间，但并不是直接获得时间，而是通过远距离传送高精度的时间。在两个地方同时收到相同的时间信号并将其进行比较，一个地点的原子钟时间可以被传送到另一个地点。世界各国的实验室用这种"共视"技术来比较他们的时间量度并建立了协调世界时（UTC）。他们也用同样的技术将时间的量度在本国传播。

GPS 授时的应用日新月异。好莱坞的制片厂就在他们的电影场记中，运用 GPS 对声像数据以及多相机排序，实行无可比拟的控制。GPS 的应用就像它测量的时间一样，是无限的。

随着 GPS 的现代化，用户会获得更多的利益。新增加的第二和第三民用 GPS 信号将提高 GPS 时间的精确性和可靠性，同时继续保持对全世界的免费共享。

老人/儿童防丢器

老人/儿童防丢器是现代社会一个颇受欢迎的个人定位终端，是一款可以随时随地精确查询个人位置、进行即时通信，以及实现长达数天的轨迹回放，甚至录像的可穿戴设备。

该类产品融合了目前通信领域及智能监控领域中的 GPS 技术、GIS 技术、AGPS 技术等，构建了一个包括定位终端、定位平台及手机短信在内的无线定位系统。可与医疗急救系统联动，对目标物或人实施实时准确定位、轨迹回放、逾界告警、违规告警、拍摄图片及短视频、实时场景图像回传等综合信息服务，也可以在系统的监控屏幕上对终端目标进行连续跟踪。此类产品可广泛应用于个人、车辆、物品等，其紧急求救功能也被一些夜晚独自回家的女性青睐。

"格洛纳斯"（GLONASS）即俄罗斯的"全球卫星导航系统"，它和美国的 GPS、欧洲的"伽利略"卫星定位系统以及中国的"北斗"卫星导航系统相类似。

该系统在苏联时期就开始开发，俄罗斯随后继续开发该系统。在1993 年，俄罗斯开始独自建立本国的全球卫星导航系统。2007 年，该系统开始运营。但在当时，该系统只开放俄罗斯境内卫星定位及导航服务。到 2009 年，其服务范围已经拓展到全球。该系统的主要服务内容包括确定陆地、海上及空中目标的位置、速度及时间信息等。

5.1 "格洛纳斯"导航系统

主要功能

"格洛纳斯"属于第二代军用卫星导航系统，系统也开设了民用服务。"格洛纳斯"在一定条件下，在定位、测速及定时精度上要优于施加选择可用性（SA）之后的 GPS，可为全球海陆空以及近地空间的各种军、民用户全天候、连续地提供高精度的三维位置、三维速度和时间信息。

历史沿革

1960 年，苏联军方确认需要一个卫星无线电导航系统（SRNS）)用于规划中的新一代弹道导弹的精确导引。当时已有的"旋风"（Tsiklon）卫星导航系统的接收站需要好几分钟的观测才能确定一个位置，不能达到导航定位的目的。于是从 1968—1969 年，苏联国防部、科学院和海军的一些研究所联合起来计划要为海、陆、空、天武装力量建立一个单一的解决方案。1970 年编制完成了这个系统的需求文件。

苏联在 1976 年启动了"格洛纳斯"项目，该系统将使用 24 颗卫星实现全球定位服务，同时提供高精度的三维空间和速度信息，也提供授时服务。"格洛纳斯"星座卫星由中轨道的 24 颗卫星组成，包括 21 颗工作星和 3 颗备份星，分布于 3 个圆形轨道面上，轨道高度 19 100 千米。但"格洛纳斯"卫星星座基本上一

↑ 太空中的"格洛纳斯"卫星

直处于降效运行状态，只有 8 颗卫星是全功能工作的。

在通信方式上，与 GPS 系统不同之处在于"格洛纳斯"系统使用频分多址（FDMA）的方式，而 GPS 使用码分多址（CDMA）的方式。每颗"格洛纳斯"卫星广播两种信号，即 L1 信号和 L2 信号。

应用范围

军事需求推动了卫星导航的发展。与 GPS 一样，"格洛纳斯"可为全球海、陆、空及近地空间的各种用户提供全天候、高精度的各种三维位置、三维速度和时间信息。不仅可以为海军舰船，空军飞机，陆军坦克、装甲车、炮车等提供精确的导航；也可用在武器系统的精确瞄准、C3I（指挥自动化系统）精密敌我态势产生、精密导弹制导、部队准确的机动和配合等方面。

另外，卫星导航在各种国民经济领域，如地质勘探、石油开发、地面交通管理、地震预报、大地和海洋测绘、邮电通信等，也发挥了越来越重要的作用。

欧亚经济委员会从 2015 年起，要求所有在俄境内销售的新型轿车、火车和公共汽车都应安装"格洛纳斯"事故紧急反应系统。俄议会正在拟定法案对这项规定进行补充，将安装范围扩大到俄境内所有适用该系统的道路交通工具。

由汽车制造商直接安装"格洛纳斯"事故紧急反应系统，车主无须支付此服务的费用。但据汽车制造商估计，该系统终端将使汽车成本提高约 4000 卢布（约合 62.5 美元）。

5.2 短命的"格洛纳斯"卫星

从 1982 年到 1985 年，苏联总共发射了 3 颗模拟卫星和 18 颗原型卫星用作测试。与美国相比，苏联的卫星和电子设计水平存在着很大差距，苏联发射的这些测试卫星的设计寿命仅有 1 年，平均在轨寿命也只有 14 个月。苏联 1985 年开始正式建设"格洛纳斯"系统，1985—1986 年间发射了 6 颗"格洛纳斯"卫星，这些卫星是在原型卫星的基础上改进了授时和频率标准，频率的稳定性增强了，但卫星的寿命仍然不长，平均寿命只有大约 16 个月。此后又发射了 12 颗改进型卫星，这些新卫星设计寿命 2 年，实际平均寿命是 22 个月。

截至 1987 年，"格洛纳斯"系统共计发射了 30 颗卫星。这其中包括早期的原型卫星，在轨的可用卫星有 9 颗。苏联于 1988 年开始发射"格洛纳斯"卫星的改进版。卫星的重量 1400 千克，采用三轴稳定技术和精密铯原子钟，设计寿命为 3 年。1988 年到 2000 年间发射的"格洛纳斯"卫星有 54 颗。这些卫星都是使用"质子"火箭以一箭三星的方式在拜科努尔发射中心发射入轨。

1990 年 5 月和 1991 年 4 月，苏联两次公开"格洛纳斯"的国际代码标识符（ICD），使得"格洛纳斯"得到了广泛应用。美国在卫星导航上一家独大的局面被"格洛纳斯"的公开化打破了。

苏联解体后，俄罗斯在 1995 年完成了"格洛纳斯"导航卫星星座的组网工作。"格洛纳斯"导航卫星星座网络由 24 颗卫星组成，其原理和方案都与 GPS 类似，不过，其 24 颗卫星均匀分布在 3 个轨道平面上，3 个轨道平面两两相隔 120°，同平面内的卫星之间相隔 45°。每颗卫星都在 19 100 千米高、64.8°倾角的轨道上运行，其轨道周期为 11 小时 15 分钟。地面控制部分全部都在俄罗斯领土境内。俄罗斯宣称其系统定位精度可达 1 米,速度误差仅为 15 厘米/秒。

"格洛纳斯"的民用精度优于施加 SA 的 GPS。因为"格洛纳斯"一开始就没有加 SA 干扰,但是由于没有开发民用市场,使得"格洛纳斯"的应用普及情况则远不及 GPS。另外,"格洛纳斯"卫星在轨道上的平均寿命比较短,且由于经济困难

"格洛纳斯"卫星导航系统标志

无力补网,又不能独立组网,所以在轨可用卫星少。同时,"格洛纳斯"还存在一些问题。主要是:

(1) "格洛纳斯"工作不稳定,卫星工作寿命短,在轨卫星较少。

(2) "格洛纳斯"用户设备发展缓慢,生产厂家少,体积大而笨重。

(3) "格洛纳斯"采用 FDMA,导致用户接收机的频率综合器复杂。

(4) GPS/"格洛纳斯"兼容接收机需解决时间和坐标系统变换问题。

其实直到 1993 年,"格洛纳斯"才具备了初始作战能力。在 1996 年初,其才真正实现了完整星座的部署。

2003 年的伊拉克战争对俄罗斯产生了巨大的影响,俄罗斯再次对太空的军事用途重视起来。对俄罗斯来说,困难的不是技术问题而是经费不足。为此,当时俄罗斯航天局曾试图吸引外资,与包括中国在内的国家或组织进行商谈以共同恢复"格洛纳斯"。

"格洛纳斯"全球卫星导航系统样机

"格洛纳斯"的卫星达到 18 颗时便可发挥导航定位功能；当卫星总数达 24 颗时，其导航范围可覆盖整个地球表面和近地空间。到那时，"格洛纳斯"系统的用户便可不间断地获得地面、水面、天空、近地空间内相关物体的准确坐标信息。

 5.3 研发历史

"格洛纳斯"计划是 1976 年提出来的，三年后便付诸研发行动。当时由于苏联的火箭发射能力较强，以一箭三星的方式在十几年间发送了多颗卫星。但由于几次发射失败和卫星工作寿命较短，所以在发射到 70 多颗卫星时，"格洛纳斯"卫星星座于 1996 年 1 月实现了 24 颗工作卫星正常地播发导航信号，系统达到了一个重要的里程碑。

"格洛纳斯"工作测试始于苏联，1982 年 10 月 12 日发射第一颗试验卫星。整个测试计划分两个阶段完成。

第一阶段（1984—1990 年）：这期间，主要完成对 4 颗卫星组成的试验系统的基本性能指标进行验证与评估。从 1986 年开始，空间星座逐步扩展，到 1990 年，系统第一阶段的测试计划已经完成。当时空间星座里已有 10 颗卫星，布置在轨道面 1（6 颗）和轨道面 3（4 颗）上。导航星座每天至少能提供 15 个小时的二维定位覆盖，而三维覆盖至少可达 8 个小时。

第二阶段（1990—1995 年）：该阶段主要完成用户设备的测试，到 1995 年最终布满 24 颗工作卫星，本阶段宣告结束。随后，系统开始进入完全工作阶段。

目前，"格洛纳斯"系统的主要用途是导航定位，也可以广泛应用于各种等级和种类的定位、导航和时频领域等。

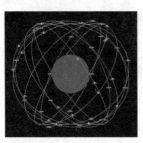
"格洛纳斯"导航定位系统示意图

5.4 系统组成

"格洛纳斯"包括空间卫星系统（空间部分）、地面监测与控制子系统（地面控制部分）、用户设备（用户接收设备）三个基本部分。

地面支持系统由系统控制中心、中央同步器、遥测遥控站（含激光跟踪站）和外场导航控制设备四个部分组成。苏联解体后，"格洛纳斯"系统由俄罗斯航天局管理，地面支持段已经减少到只有俄罗斯境内的场地了，系统控制中心和中央同步处理器位于莫斯科，遥测遥控站位于圣彼得堡、捷尔诺波尔、埃尼谢斯克和共青城。

"格洛纳斯"用户设备（即接收机）能接收卫星发射的导航信号，并测量其伪距和伪距变化率，同时从卫星信号中提取并处理导航电文。接收机的处理器对上述数据进行处理并计算出用户所在的位置、速度和时间信息。"格洛纳斯"系统提供军用和民用两种服务。

与 GPS 相比，"格洛纳斯"有许多不同之处。

（1）卫星发射频率不同。"格洛纳斯"采用的是频分多址的体制，按照频率的不同对卫星进行区分，每组频率的伪随机码相同。正是由于卫星

 "格洛纳斯"卫星发射

发射的载波频率不同，"格洛纳斯"可以防止整个卫星导航系统被敌方干扰，因而具有更强的抗干扰能力。GPS 的卫星信号则采用的是码分多址体制，每颗卫星的信号频率和调制方式相同，不同卫星的信号靠不同的伪码区分。

（2）坐标系不同。"格洛纳斯"使用的是苏联地心坐标系（PE-90），

而 GPS 使用的是世界大地坐标系（WGS-84）。

（3）时间标准不同。"格洛纳斯"的系统时与莫斯科标准时相关联。GPS 系统时与世界协调时相关联。

 # 5.5 现代化计划技术改进

为了提高系统的工作效率和导航性能、增强系统工作的完善性，俄罗斯实施了"格洛纳斯"系统的现代化计划。计划的主要内容包括：改善"格洛纳斯"与其他无线电系统的兼容性；改进卫星子系统；改进地面控制系统；配置养分子系统。

"格洛纳斯"采用频分制，24 颗卫星 L1 信号的总频带宽度为 1602~1615.5±0.51MHz。该频段的高端频率与传统的射电天文频段（1610.6~1613.8MHz）相重叠。后来，国际电信联盟召开的世界无线电行政大会上决定将 1016~1626.5MHz 频段分配给低地球轨道（LEO）移动通信卫星使用，因此要求"格洛纳斯"改变频率，让出高频频段。

1993 年 9 月，俄罗斯决定让在同一轨道面上相隔 180°（即在地球相反两侧）的两颗卫星使用同一频道。在仍保持频分制的体制下，卫星通信系统总频道数减少了一半，因而可做到让出高频频段。

在改频计划第Ⅰ和第Ⅱ阶段，不排除在新发射的卫星上使用-7~+4 中的频道，并装上滤除 1610.6~1613.8 MHz 和 1060~1670MHz 的滤波器，以消除强的带外干扰。此外，为了保持 L2 与 L1 的间隔，改频计划还包括对 L2 信号频率（按 L2/L1=7/9）做出相应的改变。

在 1996 年 12 月的相关会议上，美国的代表要求俄罗斯加快实施"格洛纳斯"的改频计划，并希望俄罗斯能在 2000 年完成。但因为改变计划要升级卫星和更新其他设备，俄罗斯的代表仍坚持原计划，不进行改变。

据报道，美国洛克韦尔公司决定协助俄罗斯改进"格洛纳斯"，将"格洛纳斯"的频率改为 GPS 的频率，便于世界范围的民用。

另外一种有效解决"格洛纳斯"信号与其他电子系统相互干扰的方法就是对所有卫星均采用相同的发射频率，该频率可以很接近 GPS 的频率或者就用 GPS 的频率，这种方法即码分多址（CDMA），这样可大大改善"格洛纳斯"和 GPS 两个系统的兼容问题，并使某些干扰降到最低。

苏联从 1990 年开始研制下一代的改进型卫星"格洛纳斯"—MⅠ（后俄罗斯继续），并进一步改进这种新型卫星的星上原子钟，提高了频率稳定性和系统精度。它的工作寿命可达 5 年以上，这对确保"格洛纳斯"空间星座维持 21~24 颗在线工作卫星发射信号至关重要。

俄罗斯还计划研制一种工作寿命可达 7 年、重量更大（约达 2000 千克）和功能更强的"格洛纳斯"—MⅡ型卫星。不但会对星上子系统做重要改进，还将增加星间数据通信和监视能力。MⅡ卫星还将发射第二个民用频率，以便消除电离层对民用定位精度的影响。

地面控制部分的改进

地面控制部分的改进包括改进控制中心；开发用于轨道监测和控制的现代化测量设备；改进控制站和控制中心之间的通信设备。这些改进项目完成后，可使星历精度提高 30%~40%，可使导航信号相位同步的精度提高 1 到 2 倍（15 纳秒），并可降低伪距误差中的电离层分量。

差分增强系统

为了满足飞机进场/着陆的要求，需要进一步提高"格洛纳斯"的精度。俄罗斯正着手开发三种差分增强系统。

（1）广域差分系统（WADS）。包括在俄罗斯境内建立的 3~5 个 WADS 地面站，该差分系统可为离站 1500~2000 千米内的用户提供 5~15 米的定位精度。

（2）区域差分系统（RADS）。即在一个很大的区域内设置多个差分站并部署用于控制、通信和发射的设备。该差分系统可在离台站 400~600 千米的范围内，为空中、海上、地面以及铁路和测量用户提供 3~10 米的位置精度。

（3）局域差分系统（LADS）采用的是载波相位测量校正伪距，系统可为离台站 40 千米以内的用户提供 10 厘米量级的位置精度。它的台站可以是移动系统，也可能用地面小功率发射机——伪卫星来辅助。

在 2002 年俄罗斯就开始建立"格洛纳斯"系统的卫星导航增强系统，称作差分校正和监测系统（SDCM）。该系统利用差分定位的原理，由地球静止卫星、中央处理设施、差分校准和监测站组成。其中，地球静止卫星主要用作中继差分校正信息。SDCM 通过强化"格洛纳斯"以及其他全球卫星导航系统的性能，来满足所需的高精确度及可靠性。

发展前景

俄罗斯于 2011 年 2 月 26 日和 2014 年 11 月 30 日发射了两颗"格洛纳斯"-K 卫星，它与前面几种型号的"格洛纳斯"卫星相比有了很大的提升。"格洛纳斯"-K 卫星的使用寿命可达 10 年，它是完全基于非压力式平台的新型卫星。该型号卫星完成后，"格洛纳斯"系统与 GPS 的水平相当，用户可以使用两套系统。2014 年 3 月 24 日，俄罗斯国防部用"联盟"2-1B 火箭将一颗"格洛纳斯"-M 导航卫星顺利送入轨道。这颗"格洛纳斯"-M 导航卫星将用于新一代"格洛纳斯"导航系统，其编号为 54，可提高其定位的精确度。

2014 年 6 月 15 日凌晨，在俄北部普列谢茨克的发射场，俄罗斯发射了第二颗"格洛纳斯"-M 导航系统卫星，卫星成功进入预定轨道，卫星所载系统运行正常。

截至 2017 年，"格洛纳斯"系统使用的卫星分为"格洛纳斯"与其升级版本"格洛纳斯"-M 两种型号卫星。"格洛纳斯"-M 卫星上装有先进的天线馈电系统，并为民用的客户增设了一个额外的导航频率。

"格洛纳斯"系统可用于军事也可用于民用，可以使用户实时标明位置信息。"格洛纳斯"提供导航和定时服务，

🔘 运载 3 颗"格洛纳斯"-M 导航卫星的"质子"-M 运载火箭

系统支持不限数量的陆基、海基、空基、天基用户同时使用。俄罗斯在任何时候、地球任何地方都可以提供"格洛纳斯"民用信号，对用户实行免费服务且没有限制。

"格洛纳斯"事故紧急反应系统是在俄"格洛纳斯"卫星导航系统的基础上研制的车载接收设备，该系统主要用于发生交通事故时通过卫星向应急部门报告情况，以降低交通事故中的死亡率。这种系统能将救援反应时间缩短10%至30%。

2014年，索契冬奥会物流与交通中心项目应用了"格洛纳斯"，用"格洛纳斯"管理各种运输方式，包括铁路运输、公路运输、海运。俄罗斯专门为货运运营商和他们的客户开发了一个公共综合信息系统，运用"格洛纳斯"技术控制中心可以在线监控车辆运行的情况。

 # 5.6 复兴的"格洛纳斯"

提起全球卫星导航系统，人们首先想到的是美国的GPS系统，俄罗斯的"格洛纳斯"系统并不为大部分人所知。

事实上，"格洛纳斯"组网的时间比GPS还要早，这也是美国加快GPS建设的重要原因之一。

"格洛纳斯"卫星导航系统一直是苏联/俄罗斯重点打造的本国全球定位系统，然而由于苏联的解体，让"格洛纳斯"元气大伤，正常运行卫星数量大减，甚至已无法提供导航服务。由于经费和技术的双重原因，不仅迟迟未能实现全球覆盖，系统甚至一度面临崩溃，就更谈不上与GPS的竞争了。但随着俄罗斯近年来经济的好转，"格洛纳斯"逐渐走向复兴并重新向GPS发起挑战。

21世纪初俄罗斯推出了"格洛纳斯"-M和更现代化的"格洛纳斯"-K

在俄罗斯当地时间 2010 年 12 月 5 日下午，发射的 3 颗"格洛纳斯"-M 型全球导航系统导航授时卫星未能进入预定轨道，随即坠入太平洋。

俄罗斯国防部官员指出，此次事故对"格洛纳斯"导航系统的建设不会产生严重影响，当前该系统在轨运行的卫星和备用卫星完全能保证导航信号覆盖俄罗斯全境。

2013 年 7 月 2 日上午，在哈萨克斯坦拜科努尔航天发射场，俄罗斯"质子"-M 运载火箭搭载 3 颗"格洛纳斯"导航卫星发射升空后，火箭离地不久即发生故障，箭体大角度偏离航线并于空中解体，最后坠地爆炸。

"质子"-M 火箭

"格洛纳斯"高精度定位系统

卫星来更新星座。

近年来俄罗斯自主研制的"格洛纳斯"全球卫星定位导航系统的定位精度是 2.7 米，且系统信号的利用度达到了 97.41%。某年度报告强调，俄罗斯国内已有 55 个加盟自治共和国装备了"格洛纳斯"高精度定位系统。

截至现在，"格洛纳斯"在轨卫星数量为 26 颗，包括 24 颗"格洛纳斯"-M 卫星和 2 颗"格洛纳斯"-K 卫星。首颗"格洛纳斯"-K 卫星于 2011 年发射，正在接受飞行测试。第二颗同型号卫星 2014 年发射，到现在一直处于运行状态。俄罗斯计划于 2034 年之前为"格洛纳斯"全球卫星导航系统发射 46 颗卫星。

据相关报道称，俄罗斯为海军研发装备了全新的"章鱼"-N1 无线电高精度导航系统。其确定物体所在位置的精度、高度和速度要远高于"格洛纳斯"系统。运作时，"章鱼"-N1 的地面基站可以给舰船传输加密信号，以此确定具体坐标。同"格洛纳斯"等传统的卫星定位导航系统不同的是，"章鱼"-N1 的信号无法被抑制，体现出信号安全性高、对各种干扰免疫等特点。"章鱼"-N1 将与"格洛纳斯"导航系统并用，成为后者的地面备用定位系统。"章鱼"-N1将为用户提供坐标校正，以提高坐标精准度。这种同步运行机制可弥补"格洛纳斯"的不足，将提升俄罗斯全球卫星导航系统的整体性能。

"北斗"牵手"格洛纳斯"

2014年10月10日，有消息称，中俄两国卫星导航系统合作已经启动。中俄之间进行卫星定位系统方面的合作，必将使"北斗""格洛纳斯"两大系统的可靠性和导航精度再上新台阶，这为两国战略安全合作打下坚实的基础。

据俄罗斯2014年《消息报》的报道，在俄航天署长访问北京时，曾针对发展航天领域合作问题与中国同行充分交换意见，"莫斯科拟在年内与北京签署相关协议，两国将在对方境内互设3个（导航卫星）地面控制站"。

中俄还考虑此后建成统一的全球卫星导航空间，根据两国代表磋商结果，双方就"格洛纳斯""北斗"卫星导航设备的统一标准化进行磋商。俄罗斯"格洛纳斯"国际项目领导人邦达连科说："俄中合作思路是建成从大西洋到太平洋的统一卫星导航空间。"他表示，为促进两国的合作，中俄正在讨论几个实验性项目，包括为跨境运输车辆提供联合导航和信息服务。

俄罗斯"格洛纳斯"国际项目副总裁别良科强调，基于互惠互利方面的考虑，"格洛纳斯"与"北斗"两个系统之间应相互兼容。俄罗斯"格洛纳斯"的定位服务范围侧重于极地和高纬度地区，中国"北斗"的服务范围则覆盖稍稍偏南纬度的地区，如果实现联合导航，那将是世界范围内最理想的导航体系。

2018年，俄罗斯与中国讨论关于实现"格洛纳斯"与"北斗"全球卫星导航系统的兼容与操作问题。

据俄罗斯媒体报道，当地时间2018年6月17日凌晨00:46，"联盟"2-1B运载火箭搭载"格洛纳斯"导航卫星（"格洛纳斯"-M），在俄罗斯北部的普列谢茨克航天发射场发射升空，卫星已于计划时间内进入预定轨道。至此，"格洛纳斯"全球卫星导航系统的在轨卫星总数已达26颗。

中俄两国卫星定位系统正式合并后，将在中国建立统一的地面指挥和接收中心，实现统一调配和操作从而完成全网互联。

同年5月，中俄在哈尔滨会议上讨论两国导航系统的整合以及系统联合使用前景。中方建议俄方建立全球导航系统的统一监控系统，该系统将在上合组织国家的领土上运行。中国还建议两国实时交换有关导航卫星星座状态及其工作性能和信号质量的数据。俄航天国家集团公司代表称，这可以使用户在同时使用"格洛纳斯"和"北斗"时的定位精度倍增。

根据俄政府网站公布的相关文件，俄罗斯政府总理梅德韦杰夫签署政令，批准中俄两国在和平利用全球卫星导航系统即"格洛纳斯"和"北斗"方面展开合作的政府间协定。

俄罗斯表示对此已经做好了充分的准备，"格洛纳斯"系统的全部导航卫星将合并入中国的"北斗"系统。加上我国的"北斗"，将有多达65颗遍布8个轨道面的定位卫星，超越美国的GPS的24颗卫星，成为全世界卫星数量最多，精度最高的导航系统。而俄罗斯"格洛纳斯"系统本次的并入不再只是简单的信息互通，而是真正意义上变成可以互相操作，让"北斗"和"格洛纳斯"相得益彰，大放光彩。

"导航之战"无处不在

基于国防安全方面的考虑，中国与俄罗斯花巨资建立独立的卫星导航定位系统，如今两国就卫星导航定位方面进行合作展开探讨，除了民用服务的需求外，更是基于国家安全的需求。

目前，卫星导航系统不仅为大量军事设施提供制导服务，同时也为海陆空的交通平台提供导航，其导航精度可以达到米级。如果一个国家的整个导航、定位及制导系统都依赖于美国的GPS系统，这将是非常危险的。客观上来讲，美国对某个国家或某个地区关闭GPS信号服务的可能性比较小，因为这样美国付出的代价将比较大。一般情况下，GPS接收机只需接收4颗卫星信号便可以定位，通常在某个大城市里，最多能收到10余颗卫星的信号，若要让该市无法接收到足够的GPS卫星信号（也就是4颗及以下），这就意味着要关闭GPS星座上半数的卫星，但这势必也会影响其他地区或本国的导航服务。

但美国完全有能力干扰、复制或伪造GPS信号，这会给用户带来巨大的安全隐患。最先利用这一手段的是伊朗而不是美国。2011年12月，美国一架"哨兵"隐身无人机被伊朗截获，后来伊朗工程师透露，伊朗首先切断无人机和控制系统之间的联系，然后向其发送伪造的GPS信号，无人机按照这个信号降落到它认为的母基地，其实是降落到伊朗领土上。

伊朗既然都可以这样做，那么作为GPS的拥有者美国自然也可以。一旦美国在重要目标附近设置伪GPS信号发射机，他国对其攻击的GPS制导武器就无法命中目标，甚至拐个弯打回去。从某种程度上讲，这意味着他国战机进行远程航行时，美国可以通过伪造GPS信号来控制他国武器，导致他国GPS信号被篡改或干扰而误入歧途。

由此看来，拥有自己的卫星定位导航系统，不仅仅是关系到民生，更是关系到国家安全。所以，即使是美国的盟友——欧洲诸国，也宁愿花费巨资建设"伽利略"系统。

中俄合作意义重大

目前的各种卫星定位导航系统实际上可以细分为两类：一类是精度较低的公开民用码；另一类是精度较高的军用码。中俄进行卫星定位导航方面的深度合作，不仅体现出战略互信达到相当高度，还能大幅提升各自定位系统的精度和可靠度。

其次，通过相互兼容对方信号从而能建立中俄卫星双定位导航系统，这将提高系统的可靠性。如果俄罗斯的"格洛纳斯"卫星信号被干扰，用户可以接收中国的"北斗"卫星信号，反之亦然，这意味着两国的定位导航安全相互得到保障。

有专家认为，中俄合作的第一步应当互建地面控制站，这些站点可以用来校准卫星信号——地面站的大地坐标会被精确测得，然后与接收到的卫星信号坐标对比，测出信号误差，进而反馈给卫星系统校正。俄罗斯《导报》称，俄罗斯计划在中国境内部署3座"格洛纳斯"地面站。另外还计划在哈萨克斯坦部署2座地面站，在白俄罗斯部署1座地面站，加上已有的23座地面控制站，"格洛纳斯的"定位精度有望提升至1米。

至于"北斗"，它在中国大部分地区的定位精度已小于10米，要想建成全球化卫星星座就必须在国外建地面站，而俄罗斯国土面积广大，非常适合建立校准站。

"伽利略"卫星导航系统，是由欧盟研制和建立的全球卫星导航定位系统，该计划于 1999 年 2 月由欧洲委员会公布，欧洲委员会和欧空局共同负责。系统由轨道高度为 23 616 千米的 30 颗卫星组成，其中 27 颗工作星，3 颗备份星，位于 3 个倾角为 56° 的轨道平面内。截至 2016 年 12 月，已经发射了 18 颗工作卫星，具备了早期操作能力（EOC），并计划在 2019 年使其具备完全操作能力（FOC）。全部 30 颗卫星（调整为 24 颗工作卫星，6 颗备份卫星）计划于 2020 年发射完毕。

"伽利略"系统的三大投资方为德国、法国和意大利，"伽利略"系统主要用于民用，而美国的全球定位系统、俄罗斯的"格洛纳斯"系统更加偏向军事用途。"伽利略"系统仅在一些极端情况下才会因为军事目的而关闭（比如武装冲突）。对于军用和民用终端来说，该系统都提供最高的定位精度。

 # 6.1 "伽利略"计划

GPS 与"伽利略"背后的较量

2001 年 12 月，美国国防部副部长保罗·沃尔福威茨给欧盟成员国部长写了一封信，在信中表达了美国对"伽利略"系统的反对态度。欧盟的"伽利略"系统旨在创建一个向所有用户开放的民用全球卫星导航系统。GPS 是美国的军用全球卫星导航系统，为美国军事用户提供高精度的定位服务，同时也为其他用户提供低精度定位服务。GPS 可以在其军用信号（M 波段）不被干扰的情况下关闭民用信号。欧盟建造"伽利略"系统的初衷是防止美国会在政治冲突中关闭其他用户使用的 GPS 信号。而美国则担心其敌对国会利用"伽利略"系统的信号对美国进行军事打击（一些武器使用卫星导航系统进行制导）。美国打算在阻止敌国使用卫星导航系统（GNSS）的同时，自己依然能使用GPS。而"伽利略"系统最初选用的频率使得美国无法在不干扰GPS信号的情况下屏蔽掉"伽利略"系统。所以，美国想要"伽利略"更改选用的频率，但起初遭到了欧盟的拒绝。

美国甚至暗示，如果敌对国在冲突中使用配备了"伽利略"系统的武器攻击美军，美国也许会考虑击落"伽利略"卫星。对此欧盟的立场是"伽利略"定位系统是中立的技术，可以被任何国家、个人使用。欧盟官方并不想改变"伽利略"系统的计划，但在美国的施压下，最终还是做了妥协，"伽利略"系统改用另一种频率。这样，屏蔽"伽利略"系统的同时不影响GPS，或者屏蔽GPS不影响"伽利略"。这便使得美国拥有了巨大的优势，因为美国的电子战能力比他国领先。

GPS和"伽利略"系统

出于美国军方的需求，GPS使用了选择可用性机制，其定位信息被故意加入了误差，GPS在全球范围内广泛用于民用，包括飞机导航和着陆设备，"伽利略"系统的支持者认为这些民用设施不能完全依赖于一个有漏洞的系统，这也是欧盟想独立发展"伽利略"系统的另一个原因。虽然后来美国国防部宣布，新的GPS卫星不再具备实施选择可用性机制的能力。

"伽利略"设计方案

"伽利略"系统的构建计划最早在1999年欧盟委员会的一份报告中提出，经过多方论证后，于2002年3月正式启动。系统建成的最初目标时间是2008年，但由于技术等问题，延期到了2011年。2010年初，欧盟委员会再次宣布，"伽利略"系统推迟到2014年投入运营。

1999年，欧洲委员会的报告对"伽利略"系统提出了两种星座选择方案：

一是"21+6"方案，采用21颗中高轨道卫星加6颗地球同步轨道卫星。这种方案能基本满足欧洲的需求，但要与美国的GPS系统和本地的差分增强系统相结合。

二是"36+9"方案，采用36颗中高轨道卫星和9颗地球同步轨道卫星或只采用 36 颗中高轨道卫星。这一方案可在不依赖 GPS 系统的条件下满足欧洲的全部需求。该系统的地面部分将由正在实施的欧洲监控系统、轨道测控系统、时间同步系统和系统管理中心组成。

为了降低全系统的投资，上述方案最终都没有被采用，最后的方案是：系统由轨道高度为 23 616 千米的 30 颗卫星组成，其中 27 颗工作星，3 颗备份星。每次发射将会把 5 到 6 颗卫星同时送入轨道。

"伽利略"系统与美国的 GPS 系统相比，更先进，也更可靠。美国 GPS 向别国提供的卫星信号，只能发现地面大约 10 米长的物体，而"伽利略"的卫星则能发现地面 1 米长的目标。一位军事专家形象地比喻说，GPS 系统只能找到街道，而"伽利略"则可找到家门。

2015 年 3 月 30 日，欧洲又发射两颗"伽利略"导航卫星，抗衡 GPS。

"伽利略"计划不仅可以使人们的生活更加方便，更重要的是具有维系国际平衡的作用。作为欧盟主导项目，"伽利略"并没有排斥外国的参与，中国、韩国、日本、阿根廷、澳大利亚、俄罗斯等国也参与了该计划，并向其提供资金和技术支持。"伽利略"卫星导航系统建成后，将和美国 GPS、俄罗斯"格洛纳斯"、中国"北斗"卫星导航系统共同构成全球四大卫星导航系统，为用户提供更加高效和精确的服务。

6.2 "伽利略"体系结构

星座部署

卫星总数量：30 颗

离地面高度：23 222 千米

轨道数：三条轨道，56°倾角（每条轨道 9 颗卫星，最后 1 颗作后备）

卫星寿命：12 年以上

卫星重量：每颗 675 千克

卫星长宽高：2.7 米×1.2 米×1.1 米

太阳能集光板阔度：18.7 米

太阳能集光板功率：1500 瓦

主要服务

一旦"伽利略"系统全面运作，可提供的高性能服务如下：

开放式服务（OS）：可免费使用，面向大众市场，定位精确到 1 米，用于机动车导航和移动电话服务。

高准确性服务（HAS）：通过在不同频段提供额外的导航信号和增值服务来补充 OS 的服务；通过加密 HAS 信号以控制对"伽利略"高精确性服务的访问。

公共监管服务（PRS）：公共监管服务仅限于政府授权用户，适用于需要高水平服务的、连续性的敏感应用。它将被加密并设计得更加强大，具有抗干扰机制和可靠性检测。该服务主要用于安全和战略基础设施(例如能源、电信和金融)。

搜救服务（SAR）："伽利略"的全球搜索和救援服务将检测信标发送的紧急信号转化为信息，转发给救援协调中心。

信号特征

"伽利略"导航信号在四个频段中传输。这四个频段是 E5a，E5b，E6 和 E1 频段，它们为"伽利略"信号的传输提供了较宽的带宽。

频率规划

该系统已经在无线电导航卫星服务（RNSS）的分配频谱中选择了"伽利略"频带。除此之外，E5a，E5b 和 E1 频段也包括在航空无线电导航服务（ARNS）的分配频谱中，由民航用户使用，并允许专用的安全关键应用。"伽利略"信号的名称与相应的载波频率相同，但 E5a 和 E5b 信号是 E5 频段的一部分。

全球设施

空间段由分布在 3 个轨道上的 30 颗中等高度轨道卫星（MEO）构成，全球设施部分由空间段和地面段组成。空间段的 30 颗卫星均匀分布在 3 个中高度圆形地球轨道上，轨道高度为 23 616 千米，轨道倾角 56°，轨道升交点在赤道上相隔 120°，卫星运行周期为 14 小时，每个轨道面上有 1 颗备用卫星。某颗工作星失效后，备份星将迅速进入工作位置，替代其工作，而失效星将被转移到高于正常轨道 300 千米的轨道上。这样的星座可为全球提供足够的覆盖范围。

地面段由完好性监控系统、轨道测控系统、时间同步系统和系统管理中心组成。"伽利略"系统的地面段主要由两个位于欧洲的"伽利略"控制中心和 29 个分布于全球的"伽利略"传感器站组成。另外，还有分布于全球的 5 个 S 波段上行站和 10 个 C 波段上行站，用于控制中心与卫星之间的数据交换。控制中心与传感器站之间通过冗余通信网络相连。全球地面部分还与服务中心的接口、增值商业服务以及与"科斯帕斯—萨尔萨特"的地面部分一起提供搜救服务。

区域设施

区域设施由监测台提供区域完好性数据，由完好性上行数据链直接或经全球设施地面部分，连同搜救服务商提供的数据，上行传送到卫星。全球最多可设 8 个区域性地面设施。

局域设施

有些用户对局部地区的定位精度、完好性报警时间、信号捕获/重捕等性能有更高的要求，如机场、港口、铁路、公路及市区等。局域设施采用增强措施可以满足这些要求。除了提供差分校正量与完好性报警外，局域设施还能提供下列各项服务：（1）提供商业数据（差分校正量、地图和数据库）；（2）附加导航信息（伪卫星）；（3）在接收全球移动通信系统（GSM）和通用移动通信系统（UMTS）基站位置信号不良的地区（如地下停车场和车库），增强定位数据信号；（4）拓宽移动通信信道。

用户端

用户端主要就是用户接收机及其等同产品，"伽利略"系统考虑将与GPS、"格洛纳斯"的导航信号一起组成复合型卫星导航系统，因此用户接收机将是多用途、兼容性接收机。

服务中心

服务中心提供"伽利略"系统用户与增值服务供应商（包括局域增值服务商）之间的接口。根据各种导航、定位和授时服务的需要，服务中心能提供下列信息：

（1）性能保证信息或数据登录

（2）保险、债务、法律和诉讼业务管理

（3）合格证和许可证信息管理

（4）商贸中介

（5）支持开发应用与介绍研发方法。

6.3 发展阶段

"伽利略"卫星导航计划进度安排

（1）系统定义阶段（1999—2000年）

该阶段已在2001年宣告结束。

（2）系统开发阶段（2001—2005年）

该阶段为开发和在轨验证阶段，主要工作有：汇总任务需求、开发2~4个卫星和地面部分以及系统在轨验证。

（3）系统部署阶段（2006—2007年）

进行卫星发射布网，地面站的架设，系统的整体联调。

（4）系统运营阶段（2008以后）

商业营运阶段，提供增值服务，资方获得收益。

曾经推迟

在2002年，因欧盟各成员国存在分歧，"伽利略"卫星导航计划几经推迟。

一再推迟的原因有经济上的因素，欧洲当时面临经济危机，这使得欧洲人对于"伽利略"的投入产生了很多分歧；另一个原因在于欧盟的政治体制，计划的实施需要在多个国家之间长时间的磋商，因此导致了进度推迟。

卫星发射

"伽利略"计划的首批两颗卫星 2011 年 10 月从位于法属圭亚那的库鲁航天中心成功发射升空，标志着该计划成功迈出了重要一步。

第三颗和第四颗"伽利略"在轨验证卫星搭乘"联盟"火箭于 2012 年 10 月发射升空。这两颗新卫星加入了 2011 年发射的首批两颗"伽利略"卫星的组网中，此举标志着该项目迈出了重要一步，该系统建设已取得阶段性重要成果。太空中已有 4 颗正式的"伽利略"系统卫星，将可以组成网络，初步发挥地面精确定位的功能。因为这 4 颗卫星将完成在轨验证阶段所需的基础设施部署，并首次实现仅仅基于"伽利略"卫星进行的地面定位估算。在轨验证阶段后是继续按需部署卫星和地面段，最终实现"全面运行能力"，达到服务预期。

2016 年 12 月，"伽利略"导航系统在轨卫星已达到 18 颗。欧盟委员会和欧洲航天局表示，"伽利略"卫星导航系统在轨卫星到 2020 年将达到 30 颗，届时将向全球提供定位精度在 1 到 2 米的免费服务和 1 米以内的付费服务。

6.4 "伽利略" 系统优势

"伽利略"系统是世界上第一个基于民用的全球卫星导航定位系统，投入运行后，全球的用户将使用多制式的接收机，这有利于获得更多的导航定位卫星的信号，无形中极大地提高了导航定位的精度。

另外，由于全球将出现多套全球导航定位系统，从市场的发展来看，将会出现系统之间竞争的局面，竞争会使用户得到更稳定的信号、更优质的服务。同时，相互之间的制约和互补将是各国大力发展全球导航定位产业的基本保证。

"伽利略"计划是欧洲自主、独立的全球多模式卫星定位导航系统，提供高精度、高可靠性的定位服务，实现完全非军方控制、管理，可以进行覆盖全球的导航和定位功能。

"伽利略"系统还能够和美国的GPS、俄罗斯的"格洛纳斯"系统实现多系统内的相互合作，任何用户将来都可以用一个多系统接收机，采集各个系统的数据或者将各系统数据组合，来实现定位导航的要求。

"伽利略"系统可以发送实时的高精度定位信息，这是现有的卫星导航系统所没有的。同时，"伽利略"系统能够保证在许多特殊情况下提供服务，即使失败也能在几秒钟内通知客户。

重要意义

"伽利略"全球卫星导航系统不仅能使人们的生活更加方便，还将为欧盟的工业和商业带来可观的经济效益。更为重要的是，欧盟将从此拥有自己的全球卫星导航系统，打破美国GPS系统的垄断地位，从而在全球高科技竞争浪潮中获取有利地位，为将来建设欧洲独立防务系统创造条件。

6.5 中国与"伽利略"系统建设

蜜月期

2003—2004年：中欧优势互补——反对单极世界。

2003年，欧洲人主动"邀请"中方加入"伽利略"全球卫星导航系统，中方欣然受之。欧洲把中国纳入，不仅使欧洲一些国家的领导人赚足了政治资本，也使"伽利略"计划捉襟见肘的财政状况得到了极大的缓解，更给"伽利略"进入中国市场打下了基础。

2004 年中欧正式签署技术合作协议，中方承诺投入 2.3 亿欧元的巨额资金。

中欧在高端技术上的合作，实质上打破了美国主导的欧洲对华武器禁运，也相当于废弃了针对中国的欧美武器贸易条例（ITAR），为最终从法律层面解除对华武器禁运撕开了一个口子。

转折期

2005—2007 年：欧洲政治转向——联美排挤中国。

2005 年，"伽利略"首颗中轨道实验卫星发射，标志着欧盟"伽利略"计划从设计向运转方向转变。

然而，进入 2005 年，欧洲亲美政治人物纷纷上台，欧洲航天局与美国"修好"，欧盟开始排挤中国。中国投入巨额资金，却得不到与之相称的对待，不但进不到"伽利略"计划的决策机构，甚至在技术合作开发上也被欧洲航天局故意设置的障碍所阻挡，中方对此十分不满。

在此背景下，中国开始把注意力转移到"北斗"系统上。

2006 年 11 月，中国对外宣布，将在今后几年内发射导航卫星，开发自己的全球卫星导航和定位系统。很快，覆盖全球的"北斗二号"系统计划浮出水面。

2007 年发射的第四颗"北斗一号"导航卫星，替换了退役的卫星，"北斗"系统开始激活。

2007 年 4 月，中国成功发射了第一颗"北斗二号"导航卫星，标志着"北斗"系统在技术和规划上的重大突破。

竞争期

2008—2009 年："北斗"横空出世——技压欧系卫星。

由于实质参与欧洲"伽利略"卫星导航系统受挫，中国决定"单干"。

直到 2008 年 4 月 27 日，"伽利略"系统的第二颗实验卫星才升空。

而中国"北斗二号"的横空出世，不仅使欧洲"伽利略"系统准备与美国 GPS 一争高下的愿望夭折，也使"伽利略"的市场前景变得黯淡。

"北斗二号"在技术上比"伽利略"更先进，定位精度甚至达到 0.5 米，令欧洲人深受震撼。

另一方面，之前"伽利略"计划的推出，刺激了美国和俄罗斯加快技术更新，新一代 GPS 和新一代"格洛纳斯"的定位精度等技术指标均很快超过"伽利略"，"伽利略"逐渐丧失了技术相对领先的优势。

按照国际电信联盟通用的程序，中国已经向该组织通报了准备使用的卫星发射频率，这一频率正好是欧洲"伽利略"系统准备用于"公共管理服务"的频率。

频率是稀有资源，占得先机的美国和俄罗斯分别拥有最好的使用频率，中国所看中的频率被认为是美国和俄罗斯之后的"次优"频率。

按照"谁先使用谁先得"的国际法原则，中国和欧盟成了此频率的竞争者。中国在 2010 年 8 月发射 3 颗"北斗"二代卫星，正式启用该频率，而欧盟预定的 3 颗实验卫星都没有达到发射计划，注定败下阵来，失去对频率的所有权。

国际参与"伽利略"系统情况

中国于 2003 年 9 月加入"伽利略"计划，并在之后几年间投资 2.3 亿欧元。

2004 年 7 月，以色列与欧盟签订协议，成为"伽利略"计划的合作伙伴。

2005 年 6 月 3 日，欧盟与乌克兰草签了一份协议，让乌克兰加入"伽利略"计划。9 月 7 日，印度也与欧盟签约，加入"伽利略"计划，参与建设基于欧洲地球同步卫星导航增强服务系统的区域增强系统。

2006 年 9 月 9 日，韩国同欧盟签订了有关韩国参与"伽利略"计划的协定。12 月 12 日，欧盟与摩洛哥签署了"伽利略"计划的合作协议。

除此之外，阿根廷、澳大利亚、巴西、加拿大、智利、日本、马来西亚、墨西哥、挪威等国家，也有可能加入"伽利略"计划。

"伽利略"卫星原子钟

2017 年 6 月，欧洲的卫星导航系统"伽利略"组网卫星上的原子钟曾经出现大规模故障，已经到了危及系统安全的地步。

当时全部在轨运行的 18 颗卫星上，共有 9 台原子钟出现了故障并停

止运行。发生故障
的设备中有 3 台是
传统的铷原子钟,另
外 6 台则是精度更
高的氢原子钟,采
用这些高精度原子
钟的目的是希望"伽
利略"导航定位系
统的精度能够达到
超越美国 GPS 系统
的精度。

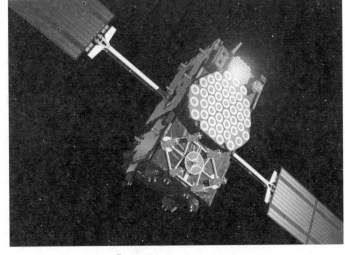

↑ 太空中的"伽利略"卫星

　　每颗"伽利略"卫星都安装有
两台铷原子钟和两台氢原子钟,这
样的冗余设置确保一旦部分原子钟
出现故障,卫星也能继续维持工作。
目前全部在轨的 18 颗卫星仍在正常
工作,但其中有一颗卫星上的原子
钟坏了两台,只剩下另外两台在正
常工作。大多数的氢原子钟故障(5
台)都发生在早期发射用于技术验
证的卫星上,而全部的 3 台铷原子
钟故障全都发生在后续发射的组网
卫星上。

↑ 正在组装的"伽利略"卫星,右下方两个圆柱体即
是氢原子钟

　　欧洲航天局设在荷兰境内的"欧
洲空间研究与技术中心"(ESTEC)
的工作人员,通过与这些原子钟
的制造商以及卫星制造商共同研
究,判断故障发生的原因。后来,经
过问题排查和全力解决,工程师团
队成功地让一些停止工作的氢原

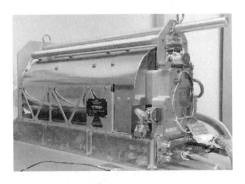

↑ 氢原子钟

子钟恢复了工作。

欧洲航天局已经采取措施防止后续在卫星上发生更多类似问题，其中包括改变在轨原子钟的运行方式。另外，未来将要发射的卫星上的原子钟也会专门做改进措施，而未来新制造的原子钟还将改进设计。尽管出现了这样的问题，欧洲航天局仍然在2017年内将4颗卫星送入轨道。对于卫星导航定位系统来说，高精度的原子钟是系统的核心。"伽利略"卫星上使用的氢原子钟精度可以达到每300万年误差不超过1秒。这样的精度已经超过了美国GPS系统的民用信号水平。

"伽利略"系统是由欧盟委员会（欧洲联盟的执行机构）主导的项目，欧盟委员会授权欧洲空间局作为"伽利略"导航卫星系统的技术与执行机构。作为欧洲自己的导航定位系统，"伽利略"系统的发展历程充满坎坷：项目屡遭推迟，预算超支严重——按照之前估算，到2020年系统完成时，其花费将超过70亿欧元（约合541.7亿人民币），这远远超出了欧盟委员会最初的设想。

据悉，2018年7月，"阿里安娜"5型运载火箭搭载着最后4颗"伽利略"卫星，在法属圭亚那的库鲁发射场发射升空并成功进入预定轨道。至此，"伽利略"全球卫星定位系统完成组网。

第 **7** 章
中国"北斗"定位导航卫星计划

>>>

卫星导航系统是重要的空间信息基础设施。中国高度重视卫星导航系统的建设，也一直在努力探索和发展自主的卫星导航系统。

↑ 中国"北斗"导航卫星发射现场

"北斗"系统是中国自主建设、独立运行的导航定位系统，它是与世界其他卫星导航系统兼容共享的一种全球卫星导航系统。它可在全球范围内，全天候、全天时为各类用户提供高精度、高可靠性的定位、导航、授时服务，并具短报文通信能力，定位精度优于 10 米，测速精度优于 0.2 米/秒，授时精度达 10 纳秒。

自 20 世纪 90 年代开始，中国启动研制"北斗"系统，发展战略分"三步走"，先有源后无源，先区域后全球，先后建成"北斗一号""北斗二号""北斗三号"系统，从而走出了一条中国特色的卫星导航系统建设道路。

↑ "北斗"卫星导航系统"三步走"示意图

"北斗"系统一直是我国的重点项目，系统的全球化运行将会在国家信息安全和军事、民用等领域发挥巨大作用，无须依赖他国的导航系统，完全掌握了自主权和隐私权。

7.1 中国"北斗"计划

发展历史

中国"北斗"卫星导航系统成为继美国全球定位系统GPS、俄罗斯"格洛纳斯"卫星导航系统、欧洲"伽利略"卫星导航系统之后第四个成熟的卫星导航系统。

🔊 "北斗"系统组成示意图

"北斗"系统由三部分组成：空间段、地面段和用户段。其中，空间段由若干地球静止轨道卫星、倾斜地球同步轨道卫星和中圆地球轨道卫星，三种轨道卫星组成混合导航星座；地面段包括主控站、时间同步/注入站和监测站等若干地面站；用户段包括"北斗"兼容其他卫星导航系统的芯片、模块、天线等基础产品，以及终端产品、应用系统与应用服务等。

目前，"北斗"已加入国际民航、国际海事、3GPP（第三代合作伙伴计划）移动通信三大国际组织，还将为全球提供免费搜索救援服务，其相关应用产品已进入70多个国家和地区，中国的"北斗"系统已经开始加速融入世界、大显身手。

2012年12月27日，中国正式公布了"北斗"系统空间信号接口控制文件正式版1.0，"北斗"导航业务正式对亚太地区提供无源定位、导航、授时服务。

2013年12月27日，"北斗"卫星导航系统正式提供区域服务一周年新闻发布会在国务院新闻办公室新闻发布厅召开。

2014年11月23日，国际海事组织海上安全委员会审议通过了对"北斗"卫星导航系统认可的航行安全通函，这标志着"北斗"卫星导

↑ "北斗"卫星导航系统空间运行轨道示意图

航系统正式成为全球无线电导航系统的组成部分，取得了面向海事应用的国际合法地位。如今，中国的卫星导航系统已获得国际海事组织的认可。

2017年11月5日，中国第三代导航卫星——"北斗三号"的首批组网卫星（2颗）以"一箭双星"的发射方式顺利升空，这标志着中国正式开始建造现代化的"北斗"全球卫星导航系统。

2018年4月10日，中国"北斗"卫星导航系统首个海外中心——中阿"北斗"中心在位于突尼斯的阿拉伯信息通信技术组织总部举行揭牌仪式。

2018年7月10日04时58分，中国在西昌卫星发射中心用"长征三号"甲运载火箭，成功发射了第32颗"北斗"导航卫星。该卫星属倾斜地球同步轨道卫星，卫星入轨并完成在轨测试后，将接入"北斗"卫星导航系统，为用户提供更可靠的服务。

2018年11月19日02时07分，我国在西昌卫星发射中心用"长征三号"乙运载火箭（及"远征一号"上面级），以"一箭双星"方式成功发射第42、43颗"北斗"导航卫星，这两颗卫星属于中圆地球轨道卫星，是我国"北斗三号"系统第18、19颗组网卫星。

↑ "长征"火箭

2019年5月17日23时48分，我国在西昌卫星发射中心用"长征三号"丙运载火箭，成功发射一颗"北斗"导航卫星。这是第45颗"北斗"导航卫星。该颗卫星属于地球静止轨道卫星，入轨并完成在轨测试后，将接入"北斗"卫星导航系统，为用户提供更可靠的服务，并增强星座稳定性。

2019年6月25日02时09分，我国在西昌卫星发射中心用"长征三号"乙运载火箭，成功地发射第46颗"北斗"导航卫星。这是"北斗三号"系统的第21颗组网卫星，第2颗倾斜地球同步轨道卫星。这颗卫星将与此前发射的20颗"北斗三号"系统卫星组网运行，进一步提升"北斗"系统的覆盖能力和服务性能。

"北斗"导航卫星系统发射列表				
发射时间	火 箭	卫星编号	卫星类型	发射地点
2000 年 10 月 31 日	"长征三号"甲	"北斗"-1A	"北斗一号"	西昌
2000 年 12 月 21 日		"北斗"-1B		
2003 年 5 月 25 日		"北斗"-1C		
2007 年 2 月 3 日		"北斗"-1D		
2007 年 4 月 14 日	"长征三号"丙	第 1 颗"北斗"导航卫星（M1）	"北斗二号"	
2009 年 4 月 15 日		第 2 颗"北斗"导航卫星（G2）		
2010 年 1 月 17 日		第 3 颗"北斗"导航卫星（G1）		
2010 年 6 月 2 日		第 4 颗"北斗"导航卫星（G3）		
2010 年 8 月 1 日	"长征三号"甲	第 5 颗"北斗"导航卫星（I1）		
2010 年 11 月 1 日	"长征三号"丙	第 6 颗"北斗"导航卫星（G4）		
2010 年 12 月 18 日	"长征三号"甲	第 7 颗"北斗"导航卫星（I2）		
2011 年 4 月 10 日		第 8 颗"北斗"导航卫星（I3）		
2011 年 7 月 27 日		第 9 颗"北斗"导航卫星（I4）		
2011 年 12 月 2 日		第 10 颗"北斗"导航卫星（I5）		
2012 年 2 月 25 日	"长征三号"丙	第 11 颗"北斗"导航卫星		
2012 年 4 月 30 日	"长征三号"乙	第 12、13 颗"北斗"导航系统组网卫星		
2012 年 9 月 19 日	"长征三号"乙	第 14、15 颗"北斗"导航系统组网卫星		
2012 年 10 月 25 日	"长征三号"丙	第 16 颗"北斗"导航卫星		

"北斗"导航卫星系统发射列表				
发射时间	火　箭	卫星编号	卫星类型	发射地点
2015 年 3 月 30 日	"长征三号"丙	第 17 颗"北斗"导航卫星	"北斗二号"	西昌
2015 年 7 月 25 日	"长征三号"乙	第 18、19 颗"北斗"导航卫星		
2015 年 9 月 30 日		第 20 颗"北斗"导航卫星		
2016 年 2 月 1 日	"长征三号"丙	第 21 颗"北斗"导航卫星		
2016 年 3 月 30 日	"长征三号"甲	第 22 颗"北斗"导航卫星（备份星）		
2016 年 6 月 12 日	"长征三号"丙	第 23 颗"北斗"导航卫星（备份星）		
2017 年 11 月 5 日	"长征三号"乙	第 24、25 颗"北斗"导航卫星	"北斗三号"	
2018 年 1 月 12 日		第 26、27 颗"北斗"导航卫星		
2018 年 2 月 12 日		第 28、29 颗"北斗"导航卫星		
2018 年 3 月 30 日		第 30、31 颗"北斗"导航卫星		
2018 年 7 月 10 日	"长征三号"甲	第 32 颗"北斗"导航卫星（备份星）	"北斗二号"	
2018 年 7 月 29 日	"长征三号"乙	第 33、34 颗"北斗"导航卫星	"北斗三号"	
2018 年 8 月 25 日		第 35、36 颗"北斗"导航卫星		
2018 年 9 月 19 日		第 37、38 颗"北斗"导航卫星		
2018 年 10 月 15 日		第 39、40 颗"北斗"导航卫星		
2018 年 11 月 1 日		第 41 颗"北斗"导航卫星		
2018 年 11 月 19 日		第 42、43 颗"北斗"导航卫星		
2019 年 4 月 20 日		第 44 颗"北斗"导航卫星		
2019 年 5 月 17 日	"长征三号"丙	第 45 颗"北斗"导航卫星		

建设原则

"北斗"卫星导航系统的建设与发展，以应用推广和产业发展为根本目标，不仅要建成系统，更要用好系统，强调质量、安全、应用和效益。"北斗"卫星导航系统遵循以下建设原则：

1. 开放性。"北斗"卫星导航系统的建设、发展和应用将对全世界开放，为全球用户提供高质量的免费服务，积极与世界各国开展广泛而深入的交流与合作，促进各卫星导航系统间的兼容与相互操作，推动卫星导航技术与产业的发展。

2. 自主性。中国将自主建设和运行"北斗"卫星导航系统，"北斗"卫星导航系统，可独立为全球用户提供服务。

"北斗"卫星导航系统应用建设规划示意图

星座构成

"北斗"卫星导航系统空间段由 35 颗卫星组成，包括 5 颗静止轨道卫星、27 颗中地球轨道卫星、3 颗倾斜同步轨道卫星。5 颗静止轨道卫星定点位置分别为东经 58.75°、80°、110.5°、140°、160°，中地球轨道卫星运行在 3 个轨道面上，轨道面之间相隔 120°，呈均匀分布。

覆盖范围

2011 年 12 月 27 日起，"北斗"导航系统是覆盖中国本土的区域导航系统，覆盖范围约为东经 70°~140°，北纬 5°~55°。2013 年，"北斗"卫星导航系统对东南亚实现全覆盖。

2018 年 12 月 27 日，"北斗三号"基本系统完成建设，开始提供全球服务。这标志着"北斗"系统服务范围由区域扩展为全球，正式迈入全球时代。

定位原理

在离地面 2 万多千米的高空上，"北斗"系统的 35 颗卫星以固定的周期环绕地球运行，使得在任意时刻，在地面上的任意一点都可以同时观测到 4 颗以上的卫星。

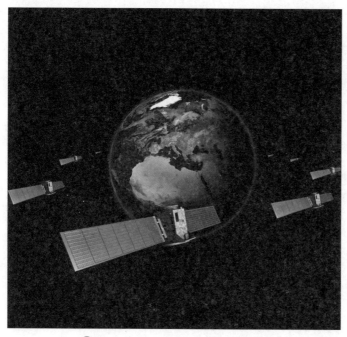

"北斗"卫星导航系统全球布局示意图

由于卫星的位置精确可知，在接收机对卫星的观测中，我们可得到卫星到接收机的距离，利用三维坐标中的距离公式与3颗卫星，就可以组成3个方程式，解出观测点的位置（X，Y，Z）。考虑到卫星的时钟与接收机时钟之间的误差，实际上有4个未知数，X、Y、Z和钟差，因而需要引入第4颗卫星，形成4个方程式进行求解，从而得到观测点的经、纬度和高程。

事实上，接收机往往可以锁住4颗以上的卫星，这时，接收机可按卫星的星座分布分成若干组，每组4颗，然后通过算法挑选出误差最小的一组用作定位，从而提高其精度。

卫星定位实施的是"到达时间差"（时延）的概念：利用每一颗卫星的精确位置和连续发送的星上原子钟生成的导航信息，获得从卫星至接收机的到达时间差。

卫星在空中连续发送带有时间和位置信息的无线电信号，供接收机接收。由于传输的距离因素，接收机接收到信号的时刻要比卫星发送信号的时刻延迟，通常称之为"时延"，因此，也可以通过时延来确定距离。

卫星和接收机同时产生同样的伪随机码，一旦两个码实现时间同步，接收机便能测定时延；将时延乘上光速，便能得到距离。

通过每颗卫星上的计算机和导航信息发生器可以非常精确地了解其轨道位置和系统时间，全球监测站网保持连续跟踪卫星的轨道位置和系统时间。位于地面的主控站与其运控段一起，至少每天一次对每颗卫星注入校正数据。注入数据包括：星座中每颗卫星的轨道位置测定和星上时钟的校正。这些校正数据是在复杂模型的基础上算出的，可在几个星期内保持有效。

卫星导航系统时间是由每颗卫星上原子钟的铯和铷原子频标保持的，这些时钟一般来讲精确到世界协调时（UTC）的几纳秒以内。

卫星导航原理：卫星至用户间的距离测量是基于卫星信号的发射时间与到达接收机的时间之差，称为伪距。为了计算用户的三维位置和接收机时钟偏差，伪距测量要求至少接收来自 4 颗卫星的信号。

UTC 是由美国海军观象台的"主钟"保持的，每台主钟的稳定性为若干个10^{-13}秒。卫星早期采用两部铯频标和两部铷频标，后来逐步改变为更多地采用铷频标。通常，在任一指定时间内，每颗卫星上只有一台时钟在工作。

由于卫星运行轨道、卫星时钟存在误差，大气对流层、电离层对信号的影响，使得民用的定位精度只有数十米量级。为提高定位精度，普遍采用差分定位技术（如 DGPS、DGNSS），建立地面基准站（差分台）进行卫星观测，利用已知的基准站精确坐标，与观测值进行比较，从而得出一组修正数，并对外发布。接收机收到修正数后，与自身的观测值进行比较，消去大部分误差，得到一个比较准确的位置。实验表明，利用差分定位技术，定位精度可提高到米级。

定位精度

在 2011—2012 年中国第 28 次南极科学考察期间，科研人员沿途大范围采集了"北斗"和 GPS 连续实测数据，跨度北至中国天津，南至南极内陆昆仑站，同时还采集了中国南极中山站的静态观测数据。为对比分析不同区域静态定位效果，在武汉也进行了静态观测。

通过利用严谨的分析研究方法，科研人员从信噪比、多路径、可见卫星数、精度因子、定位精度等多个方面，对比分析了"北斗"和 GPS在航线上不同区域，尤其在远洋及南极地区不同运动状态下的定位效果。

结果表明，"北斗"系统信号质量总体上与 GPS 相当。在 45°以内的中低纬地区，"北斗"动态定位精度与 GPS 相当，水平和高程方向分别可达 10 米和 20 米左右；"北斗"静态定位水平方向精度为米级，也与GPS 相当，高程方向 10 米左右，较 GPS 略差；在中高纬度地区，由于

"北斗"卫星导航系统太空卫星示意图

"北斗"可见卫星数较少、卫星分布较差，定位精度较差或无法定位。

系统功能

1. 军用功能。

与 GPS 类似，"北斗"卫星导航定位系统具备强大的军事功能：运动目标的定位导航；对武器载体发射位置的快速定位；人员搜救、水上排雷的定位需求等。中国可利用"北斗"卫星导航定位系统执行部队指挥、管制及战场管理。这意味着中国可主动进行各级部队的定位，即中国各级部队一旦配备"北斗"卫星导航定位系统，不但可供自身定位导航，而且高层指挥部可随时通过"北斗"系统掌握部队位置，并传递相关命令，对任务执行有相当大的帮助。

2. 民用功能。

主要是位置服务。人们可以使用装有"北斗"卫星导航接收芯片的手机或车载卫星导航装置在不熟悉的地方找到要走的路线。

"北斗"卫星导航开展的气象应用系统，可以促进中国天气预报、气候变化监测和预测，也可以提高空间天气预警业务水平，提升中国气象防灾减灾的能力。另外，"北斗"卫星导航系统的气象应用对推动"北斗"卫星导航创新应用和产业拓展也具有重要的影响。

"北斗"卫星导航系统还有道路交通管理的功能。卫星导航有利于减缓交通阻塞程度，提升道路交通管理水平。通过在车辆上安装卫星导航接收机和数据发射机，在几秒钟内车辆的位置信息就能自动转发到中心站。这些位置信息可用于道路交通管理。

"北斗"也具有铁路智能交通功能。卫星导航将促进传统运输方式实现升级与转型。例如，在铁路运输领域，通过安装卫星导航终端设备，可极大缩短列车行驶间隔时间，降低运输成本，有效提高运输效率。在不久的将来，"北斗"卫星导航系统将提供高可靠、高精度的定位、测速、授时服务，促进铁路交通的现代化，实现传统调度向智能交通管理的转型。

在海运和水运领域，"北斗"卫星导航系统也得到广泛应用。海运和水运是全世界最广泛的运输方式之一，也是卫星导航最早应用的领域之一。在世界各大洋和江河湖泊里行驶的各类船舶，大多安装了卫星导航终端设备，使海上和水路运输更为高效和安全。"北斗"卫星导航系统可以在任何天气条件下，为水上航行船舶提供导航定位和安全保障。同时，"北斗"卫星导航系统的短报文通信功能将支持各种新型服务的开发。

⬆ "北斗"卫星导航系统对地覆盖示意图

在航空运输界，"北斗"卫星导航系统也可以发挥重要作用。当飞机在机场跑道着陆时，首要的是要确保飞机相互间的安全距离。利用卫星导航精确定位与测速的优势，可实时确定飞机的瞬时位置，有效确保飞机之间的安全距离，甚至在大雾天气情况下，可以实现自动盲降，极大

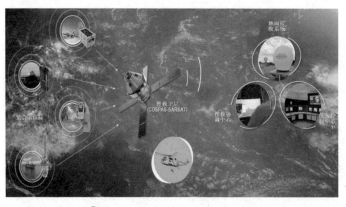

"北斗"卫星导航系统应用示意图

地提高了飞行安全和机场运营效率。通过将"北斗"卫星导航系统与其他系统的有效结合,将为航空运输业提供更多的安全保障。

"北斗"卫星导航系统也应用于应急救援。目前,卫星导航已广泛用于海洋、山区、沙漠等人烟稀少地区的搜索救援。在发生地震、洪灾等重大灾害时,救援成功的关键在于及时了解灾情并迅速到达救援地点。"北斗"卫星导航系统除导航定位外,还具备特有的短报文通信功能,通过卫星导航终端设备可及时报告目标所处位置和受灾情况,有效缩短救援搜寻时间,提高抢险救灾时效,大大减少人民生命财产损失。

在智能放牧领域,"北斗"卫星导航也有它的一席之地。2014年10月,"北斗"卫星导航系统开始在青海省牧区试点建设"北斗"卫星放牧信息化指导系统。该系统主要依靠牧区放牧智能指导系统管理平台、牧民专用"北斗"智能终端和牧场数据采集自动站,实现数据信息传输,并通过"北斗"地面站及"北斗"星群中转、中继处理,实现草场牧草、牛羊的动态监控。2015年夏季,试点牧区的牧民就已经在使用专用"北斗"智能终端设备来指导放牧。

产业配套

"北斗"芯片。

"北斗"卫星导航专用 ASIC(特殊应用集成电路)硬件结合国产应用处理器的方案,是"北斗"卫星导航芯片的一项重大突破。该处理器由中国本土 IC(芯片)设计公司研发,具有完全自主知识产权并已实现规模应用,一举打破了电子终端产品行业普遍采用国外处理器的局面。

卫星导航终端中采用的导航基带及射频芯片,是技术含量及附加值最高的环节,芯片的优劣很大程度上决定了导航产品的性能差异,直接影响到整个产业的发展。在导航基带中，一般通过导航专用 ASIC 硬件电路结合应用处理器的方案来实现。此前的应用处理器多选用国外公司的处理器芯片核，需向国外支付 IP 核（知识产权核）使用许可费用的同时，技术还受制于人，无法彻底解决产业安全及保密安全问题。

中国通过设立重大专项应用推广与产业化项目等方式，使"北斗"多模导航基带及射频芯片国产化现已实现，中国人自己的应用处理器也在"北斗"多模导航芯片中得到规模应用。

BD/GPS 多模基带芯片解决方案中，卫星导航专用 ASIC 硬件结合国

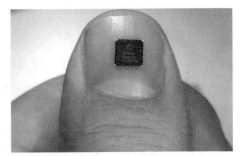

"北斗"芯片

产应用处理器，打造出了一颗真正意义的"中国芯"。该应用处理器为国内完全自主开发的 CPU（中央处理器）/DSP（数字信号处理器）核，包括指令集、编译器等软件工具链以及所有关键技术。其拥有国际领先水平的多线程处理器架构，可共享很多硬件资源，并在提供相当多核处理器处理能力的同时，节省了芯片成本。

与单纯的"北斗"芯片厂商相比，手机芯片厂商对终端定位有着更深刻的理解，包括：基站辅助卫星定位技术、多种定位方案的融合、定位芯片与应用处理器或基带处理器的集成等。因此，中国积极扶持国内手机芯片厂商进入"北斗"芯片研发领域，并积极研发综合定位解决方案，壮大完善"北斗"产业链。同时，鼓励国内手机芯片厂商开展与"北斗"芯片厂商的多样化合作，共同推进手机终端"北斗"定位技术的应用。

目前，国产"北斗"导航型芯片模块累计销量已突破 8000 万片。其中，支持"北斗三号"新信号的 28 纳米工艺射频基带一体化 SoC（系统级芯片），已在物联网和消费电子领域得到广泛应用。最新的 22 纳米工艺双频定位"北斗"芯片已具备市场化应用条件。全频一体化高精度芯片正在研发，"北斗"芯片性能未来将会再上一个台阶。

检测认证。

2012 年 8 月 3 日，解放军原总参谋部与国家认证认可监督管理委员会在北京举行战略合作协议签约仪式。协议称，中国将用 3 年时间建立

起一个"法规配套、标准统一、布局合理、军民结合"的"北斗"导航检测认证体系，以期全面提升"北斗"导航定位产品的核心竞争力，确保"北斗"导航系统运行安全。

随着"北斗"导航定位系统的建设发展，"北斗"导航应用即将迎来"规模化、社会化、产业化、国际化"的重大历史机遇，也被提出了新的要求。按照军地双方签署的协议，中国在2015年前完成"北斗"导航产品标准、民用服务资质等法规体系建设，形成权威、统一的标准体系。同时，在北京建设1个国家级检测中心，在全国按区域建设7个区域级授权检测中心，加快推动"北斗"导航检测认证进入国家认证认可体系，相关检测标准进入国家标准系列。

"北斗"导航检测认证体系，既是"北斗"系统坚持军民融合式发展的具体举措，也对创建"北斗"品牌，加速推进"北斗"产品的产业化、标准化起到重要作用。

市场应用

2013年5月22—23日，国务院总理李克强访问巴基斯坦期间，中巴双方签署了有关"北斗"系统在巴使用的合作协议。据巴基斯坦媒体报道，中方将斥资数千万美元，在巴基斯坦建立地面站网，强化"北斗"系统的定位精确度。

2014年11月，国家发展改革委批复2014年"北斗"卫星导航产业区域重大应用示范发展专项活动，成都市、绵阳市等入选国家首批"北斗"卫星导航产业区域重大应用示范城市。

随着技术创新的不断积累突破，"北斗"系统正在全面指引各行业提升效率。首都北京目前就正上演着一场"北斗革命"。应用"北斗"系统后，北京市燃气泄漏事件被动接警率从22.4%降低到4.5%，人工巡检效率提升95%，显著降低了燃气管网安全运营风险；北京市六环内超过25万个排水井篦已实现"北斗"精准定位；北京市地下热力管网也已利用"北斗"精准定位，开启智能管理模式；北京市超过4万辆出租车已安装应用"北斗"车载设备，公交车更是实现全覆盖；物流车辆配备"北斗"车载终端；"北斗"的智能驾考系统，已在京津冀地区驾校推广应用……

在智能驾驶方面，相关公司已发布"北斗高精度虚拟化汽车智能座舱"，这是国内首款支持"北斗"高精度定位技术的一体式、虚拟化汽车智能座舱，同时在国际上也是第一款获得量产应用的智能座舱。

标准制订

"北斗"接收机国际通用数据标准的制订和修订是"北斗"全球应用和产业发展的基础性工作之一，与卫星导航接收机密切相关的RTCM（国际海运事业无线电技术委员会）差分系列标准、与接收机无关的交换数据格式、NMEA（美国国家海洋电子协会）接收机导航定位数据接口等通用数据标准，几乎是世界上所有卫星导航接收机都必须遵守的通用标准。

全国"北斗"卫星导航标准化技术委员会于2014年成立，"北斗"卫星导航标委会要在以下四个方面发挥好作用。一是突出军民统筹，创新工作机制；二是加强顶层设计，做好战略规划；三是服务国防和经济建设，建立健全"北斗"卫星导航标准体系；四是积极参与国际标准化活动。"北斗"应用也将进入标准化、规范化以及通用化的快车道。

"北斗"卫星导航系统工作组2015年5月11—12日在中国西安召开RTCM SC-104（RTCM：国际海动事业无线电技术委员会，SC：特别委员会）全体会议，并邀请专家参加2015年5月13—15日在中国西安召开的第六届中国卫星导航学术年会（CSNC2015）。这是中国首次获得RTCM SC-104全体会议主办权，标志着以中国企业为主体推动"北斗"加入RTCM、RINEX、NMEA等国际通用数据标准工作得到国际认可，显示了国际社会对"北斗"高精度全球应用的期待和信心，必将加速"北斗"进入系列国际通用数据标准工作。

国际认可

中国"北斗"卫星已获联合国正式认可。2014年联合

🔊 "北斗"系统卫星发射现场

国负责制订国际海运标准的国际海事组织海上安全委员会，正式将中国的"北斗"系统纳入全球无线电导航系统。这意味着继美国的GPS和俄罗斯的"格洛纳斯"后，中国的导航系统已成为第三个被联合国认可的海上卫星导航系统。"北斗"系统的目标是：被全世界接受，与美国全球定位系统GPS相媲美。

在2015年6月，"北斗"成为第三个被国际海事组织（IMO）认可的全球海事领域无线电导航系统（WWRNS）；第三代移动通信标准化伙伴项目（3GPP）支持"北斗"定位业务的技术标准也已获得通过。"北斗"已经开启了走向国际民航、国际海事、国际移动通信等高端应用领域的破冰之旅。

"北斗"标志寓意

"北斗"卫星导航系统标志由正圆形、写意的太极阴阳鱼、北斗星、司南、网格化的地球和中英文等要素组成。

"北斗"的标志

圆形构型象征中国传统文化中的圆满，深蓝色的太空和浅蓝色的地球代表航天事业。太极阴阳鱼蕴含了中国传统文化。

自远古时起，人们就利用北斗星来辨识方位。司南是中国古代发明的世界上最早的导航装置，将北斗星与司南相结合，既彰显了中国古代科学技术成就，又象征着卫星导航系统星地一体，可以为人们提供定位、导航、授时服务的特点，同时还寓意中国自主卫星导航系统的名字——"北斗"。

网格化的地球和中英文文字代表了"北斗"卫星导航系统开放兼容、服务全球的理念。

7.2 "北斗"与"伽利略"的竞争

全球卫星导航系统已成为国民经济的重要基础设施。全世界有四大卫星导航系统：美国的GPS，俄罗斯的"格洛纳斯"，欧洲的"伽利略"和中国的"北斗"，而只有前两个系统完全覆盖了全

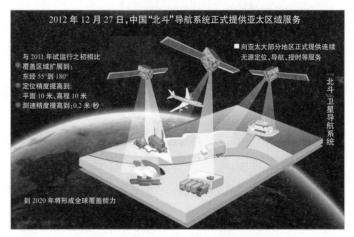

2012 年 12 月 27 日,中国"北斗"导航系统正式提供亚太区域服务

与 2011 年试行之初相比
覆盖区域扩展到：
东经 55° 到 180°；
定位精度提高到：
平面 10 米、高程 10 米
测速精度提高到:0.2 米/秒

■ 向亚太大部分地区正式提供连续无源定位、导航、授时等服务

"北斗"卫星导航系统

到 2020 年将形成全球覆盖能力

↑ 2012 年制订的"北斗"导航系统发展计划

球。这四个系统导航特色各不相同：美国的 GPS 最早投入使用，系统精度最高；俄罗斯"格洛纳斯"抗干扰能力最强；欧洲"伽利略"号称系统最精密；"北斗"可以发短信聊天。

2017 年 9 月 24 日，"北斗"卫星导航系统总设计师杨长风在中央电视台的《开讲啦》栏目，讲述了他与"北斗"的故事。

中国的卫星导航技术落后于欧美国家，最初，中国只是在区域卫星导航和定位系统上有了一些发展，

↑ 杨长风在央视讲"北斗"的发展目标

在 2000 年相继发射了两颗静地轨道的导航实验卫星，2003 年 4 月又发射了第三颗"静轨道"卫星，基本形成了覆盖全中国的区域导航和定位系统，这一系统被称为"北斗一号"。当时的"北斗"系统尚处于实验开发阶段，技术参数落后于美国 GPS，也落后于欧洲"伽利略"系统。"北斗一号"仅属于区域性，需要双向信号，其商用和军用价值均不高。当时，欧洲人邀请中方加入全球卫星导航系统，中方欣然接受，双方一拍即合。

↑ 杨长风在央视讲"北斗"的发展历程

2003 年中国与欧盟草签了合作协议，中方承诺投入 2.3 亿欧元巨额资金，在高端技术上中欧开始展开了合作。但在 2005 年，欧洲政局出现变化。随着亲美政治人物纷纷上台执政，欧洲也迅速向美国靠拢。

中国本来打算直接从欧洲引进核心部件原子钟，但在最后签订协议时，欧洲公司突然单方面终止了合作。而当时中国对欧洲的"伽利略"项目已经注资 2.3 亿欧元，欧盟在美国压力和自身利益的权衡下，将中国排除在核心项目之外。中方实际上一无所得，同时又要担负巨额资金投入，这样的结局令中方十分不满。

这种情况激发了中国加快速度研制自己的导航系统——"北斗"的决心。2007 年 4 月 17 日，参与研制"北斗二号"卫星的 10 多家研制厂家，在一个大操场上面，把卫星接收机摆成一线，等待着卫星发送信号。当晚 8 点钟下发第一组信号的时候，十几个用户接收机，同时接到了"北斗"的信号，这个时候，整个操场是欢呼雀跃，科研同志们互相拥抱，来庆贺这个胜利。卫星接收机接收到了"北斗二号"从太空中传输的信号，这就意味着中国合法拥有了这个频率。如果没有这个频率信号，"北斗"卫星系统就无法组网，更别谈实现全球覆盖了。

这让欧洲人彻底傻眼了，怎么办？"伽利略"卫星导航系统因此陷入困境，不仅经费难以为继，连频率也被"北斗二号"优先占用。

后来几年间，"北斗"系统不断在完善并发展壮大。2009 年，代表欧盟"伽利略"卫星导航系统的欧洲航空航天局专家领衔的代表团抵达

⬆ "北斗二号"卫星

北京，请求与中国展开频率争议谈判。欧方官员以频率是由他方率先投入资金购买获得，且"伽利略"系统早已按此频率进行技术设计，现已无法修改为由，力图施压中国"北斗"系统"搬迁"到其他频道上去。

中国坚决不同意，继续进行"北斗"的研发工作，后来又发射了近20颗"北斗二号"卫星。直到2015年初，欧盟最终接受了中国提出的频率共享理念，中欧的频率之争得到解决。

2017年到2020年，中国将会把多种类型的近30颗"北斗"卫星送入轨道。预计到2020年，"北斗"卫星导航系统将向用户提供覆盖全球的高水准导航服务。

除了建设天上的网，中国还在地面上打造一张"北斗"增强系统大网。中国已经完成"北斗"地基增强系统的150个框架网基准站、1200个加强密度网基准站、国家综合数据处理中心、6个行业数据处理中心等的建设任务。

2018年完成了"北斗"地基增强系统第二阶段的建设，进行覆盖全国主要区域的米级、分米级定位精度，以及加密覆盖区厘米级和后

⬆ "北斗二号"卫星发射成功

处理毫米级修正数的试播发，即"千寻位置服务系统"。包括"跬步"（实时米级定位服务）、"知寸"（实时厘米级定位服务）和"见微"（静态毫米级解算服务）。

中国组网运行"北斗二号"，为国产卫星制导武器扫清了障碍。中国军队随之出现了各种型号卫星制导武器的井喷，中国军工在 2014 年开始爆发式地推出各种远程的卫星精确制导武器。如今中国的轰炸机和战斗机都在使用"北斗"卫星导航，中国的"东风"-10A 巡航导弹、300 毫米远程火箭炮、卫星制导炸弹等都使用"北斗"定位。中国军队具备了精确制导打击能力，特别是远程打击能力取得了决定性的突破，中国的巡航导弹和精确制导武器可以精准到达西太平洋的任意目标。

目前，全世界只有中国、美国和俄罗斯的卫星定位导航系统带有军用信号，可以随意用自己的卫星定位导航系统发展自己的卫星制导武器。

7.3 全球卫星导航系统比较

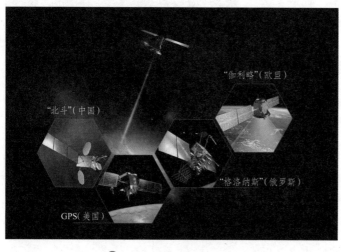

"伽利略"（欧盟）

"北斗"（中国）

"格洛纳斯"（俄罗斯）

GPS（美国）

⚡ 全球四大卫星导航系统

GPS（全球卫星定位系统）

美国 GPS 是全球导航界的老大，起步最早，技术最新，覆盖最广。从 24 颗卫星增至 31 颗，现已覆盖地球表面超过 98%的范围，而且是全天候、实时定位，不受任何天气的影响。

其 GPS 系统由美国科罗拉多州施里弗军事基地利用2000~4000兆赫无线电信号控制。

1978 年，美国发射第一颗导航定位卫星，1995 年系统正式启用，该系统免费提供民用版精确的定位、测速、高精度的标准时间。

最初由于担心精度过高，美国政府和军方一度认为敌对势力很可能利用 GPS 反制美国，因此人为注入误差，使得民用版和海外版定位精度锁定在 100 米左右。

2000 年后美国政府取消了人为干预，这才使得民用 GPS 精度达到目前的 10 米左右。据悉，军用、航天、商用等领域精度可高达厘米级、甚至毫米级。

GLONASS（"格洛纳斯"卫星导航系统）

俄罗斯版全球导航卫星系统，1976 年最早由苏联开发，目前是全球范围内精确度、覆盖率第二的导航系统。

2010 年，"格洛纳斯"系统占据俄罗斯联邦航天局当年总预算的 1/3，成为当时最昂贵的大工程，同年实现了对俄罗斯领土的全覆盖。

2011 年，24 颗卫星全部部署完成，从而实现全球覆盖。2018 年启动最新版的"格洛纳斯"K2 系统。

"格洛纳斯"系统一直被认为定位和测速精度不如 GPS，因为 24 颗在轨卫星中的 18 颗，都是基于俄罗斯本国导航系统使用。客观来说，主要是因为民用普及度远不及 GPS，而非技术问题。

GALILEO（"伽利略"卫星导航系统）

"伽利略"由欧盟通过欧空局和欧洲导航卫星系统管理局负责建造，预算 70 亿欧元。计划部署 34 颗卫星，2011 年首发第一颗卫星，预计2020 年部署完成。覆盖范围同样是

△ "伽利略"卫星导航系统标志

全球，精度民用免费开放版为 1 米，商用加密版为 1 厘米。

BDS（"北斗"卫星导航系统）

"北斗"是中国独立自主建设的卫星导航系统，第一代"北斗"2000年启用，主要为境内提供导航服务；第二代 2012 年启用，覆盖范围扩大到亚太地区，而且能够提供定位服务；第三代"北斗"2017 年 11 月首发。2018 年年底，"北斗三号"全球组网基本完成，并开始提供全球服务。到 2020 年，中国的 35 颗"北斗"卫星计划全球组网完成。

目前，"北斗"导航系统提供两类服务。

🔺 目前地球所有的卫星导航系统示意图

（1）开放服务：任何拥有终端设备的用户可免费获得此服务，精度可达 10 米，测速精度 0.2 米/秒。

（2）商用授权服务：可以提供 1 米的精度，可以收发短信，军用版容量 120 个汉字，民用版 49 个汉字。据悉，最新一代导航芯片定位精度可达 2.5 米，海上"北斗"增强系统的精度，已提升到 3 厘米级。

其他导航系统

除了 GPS、GLONASS、GALILEO 以及 BDS 之外，还有两家区域型导航系统：

QZSS（日本"准天顶"卫星系统）——由日本主导，澳大利亚、新西兰参与研制，2006 年启动建设，目前在轨卫星 1 颗，计划部署 4 颗。

IRNSS（印度区域导航卫星系统）——印度、巴基斯坦、阿富汗联合，2013 年启动建设，目前在轨卫星 4 颗，计划部署 7 颗。

🔺 全球卫星导航系统及区域卫星导航系统统计

7.4 发展"北斗"的国家战略意义

　　基于国家安全和经济社会发展需要，中国开发自主建设、独立运行的卫星导航系统，目的是为全球用户提供全天候、全天时、高精度的定位、导航和授时服务，这是国家重要的空间基础设施。随着"北斗"系统建设和服务能力的发展，目前，相关产品已广泛应用于交通运输、气象预报等领域，逐步渗透到人类社会生产和人们生活的方方面面。中国积极推进"北斗"系统国际合作，为全球经济和社会发展注入了新的活力。2017 年 1 月，"北斗二号"卫星工程荣获 2016 年度国家科学技术进步奖特等奖。这个工程实现了国际卫星导航领域的多个首创，自主创新成果极其丰富。

　　GPS 免费对全球开放是美国国家战略，是谋求优先话语权的体现，是一个战略诱饵也是美国称霸全球的道具。GPS 免费开放带来的战略利益高于收费服务带来的利益，能隐藏利益于无形之中，更有利于美国全球战略的实现。所以"北斗"卫星导航系统关系到国家安全。

　　如今，卫星导航在日常生活中已经不可或缺，GPS 系统之所以在全球卫星导航市场上一家独大，是因为早在 40 年前，美国军方就开始了 GPS 卫星导航系统的研发。在 GPS 一家独大的情况下，中国的银行、电力系统很多都是依靠 GPS 授时，我们很多汽车上的导航系统是 GPS，甚至于军用装备上也存在 GPS，这样就会带来一个令人不安的设想——假如在关键时刻美国人关掉 GPS，或者在信号上"做点儿手脚"，那我们怎么办？事实上，这已经不仅仅是想象与担心，而是在现实中，GPS 中断的干扰确实出现过。且不说美国出于其他政治、经济手段，就是只要仅仅把 GPS 的服务精度降低或暂时关闭，使用 GPS 的国家或地区的经济运行就将遭受严重影响甚至发生混乱。这就是不战而屈人之兵的战略手段，在貌似给予当中，不知不觉地控制了他国经济。所以我们对此必须要有清醒的认识，积极发展属于我们自己的独立自主的卫星导航系统。

基于上述担心，世界各大国开始考虑对策，由此诞生了俄罗斯"格洛纳斯"、欧洲"伽利略"等卫星导航系统。欧洲发展"伽利略"卫星定位系统就是为了减少对美国军事和技术上的依赖，打破美国对卫星导航市场的垄断。

在这种情况下，从20世纪80年代末开始，未雨绸缪的中国科学家们就开始关注并进行自主研发卫星导航系统的论证研究工作，开始实施系统建设。后来又给这个系统取了一个响亮的名字"北斗"，寓意着如同北斗星一样指引方向。

凭着"北斗"人的探索精神和务实态度，"北斗"计划历经周折，厚积薄发，终于在2000年10月31日，在西昌卫星发射中心成功将首颗试验卫星送上太空。同年年底再次发射1颗卫星，2003年发射了第三颗卫星。

2003年12月15日，"北斗一号"系统正式向国内用户提供服务。虽然当时的"北斗"应用技术还远不像GPS系统那样成熟完善，但却给以往单独依赖于GPS的用户提供了一种新的选择。"北斗一号"奠定了中国卫星导航发展的基石，使我国的卫星导航走上了创新发展的道路。目前正在运行的"北斗二号"系统于2004年8月经国务院批准立项，立项前也是经历了许多磨难，在发展步骤、星座设计、技术路线、研制周期等方面有很多不同的意见。经过多方协调，不懈努力，于2007年2月发射了第四颗试验卫星，同年"北斗"系统被联合国外空委确认为全球卫星导航系统四大核心供应商之一。2012年12月，"北斗二号"系统正式开通服务，系统由14颗卫星、32个地面站和各类应用终端组成，同时具备定位定向、实时导航、精密测速、精确授时、位置报告和短信服务等六大功能，服务范围覆盖整个亚太地区。

"北斗"系统是国家重大战略基础设施，是推动经济社会发展新的增长点，更重要的是，"北斗"系统是国防和军队信息化建设与保障的重要支撑，是维护国家空间战略、经济战略、安全战略的重要保障。中国在当今开放的大背景下，面临着各种国家安全问题。因此，在"北斗"国际化已成为大趋势的情况下，"北斗"系统的战略意义越来越凸显，影响愈加深远。

卫星导航系统是一个国家综合国力的体现，同时也是大国强国的标志。开拓这个极具挑战性的世界高新技术领域，唯有依靠自己。经过长期的努力拼搏，我国科研人员攻克了全部核心技术，建立起自主的时空基准，实现了宇航能力由单星研制到组批生产、由单星在轨工作到多星组网运行的整体跃升。这是我们推进自主创新、建设创新型国家的生动写照。"北斗"卫星导航系统成功应用于实践，特别是有源与无源相结合的独特体制，丰富和发展了卫星导航理论，拓展了卫星导航服务的领域，是对世界卫星导航的重大突破。

2016年6月，国务院新闻办公室发表了《中国"北斗"卫星导航系统》白皮书指出，随着"北斗"系统建设和服务能力的发展，相关产品已广泛应用于交通运输、海洋渔业、森林防火、通信系统、电力调度、救灾减灾、应急搜救等领域，逐步渗透到人类社会生产和人们生活的方方面面，为全球经济和社会发展注入新的活力。这表明，"北斗"卫星导航系统对于促进我国经济社会的发展，保障国家安全等许多方面，都具有十分重大的战略意义。

7.5 "北斗"之路的独特传奇

2018年12月27日，"北斗三号"基本系统正式向全球提供基本导航服务，中国"北斗"距离全球组网的目标迈出了实质性的一步。习近平总书记对"北斗"系统给予高度评价，认为"北斗"系统已成为中国改革开放40年来取得的重要成就之一。

不论是先驱者"灯塔计划"的未果而终、双星定位系统概念的提出，

"北斗"卫星艺术图

还是"北斗一号"系统从无到有，"北斗二号"系统正式提供区域服务，再到"北斗三号"以昂扬的姿态走向世界，"北斗"走出了一条独特的发展道路，在导航领域成就了一段波澜壮阔的东方传奇。

符合国情之路

"先区域、后全球"。

在"北斗"工程诞生之前，我国曾在卫星导航领域苦苦摸索，在理论探索和研制实践方面都开展了卓有成效的工作。

立项于20世纪60年代末的"灯塔计划"虽然最终因技术方向转型、财力有限等原因终止，但它却如同黑夜中的一盏明灯，为我们积累了宝贵的工程经验。

1983年，以陈芳允院士为代表的专家学者提出了利用两颗地球同步轨道卫星来测定地面和空中目标的设想，通过大量理论和技术上的研究工作，双星定位系统的概念慢慢明晰起来。

接下来的问题是，"北斗"一步跨到全球组网还是分阶段走？这在当时引发了争议。最终，思路确定为"先区域、后全球"，由此铺开了"三步走"的"北斗"战略之路。参与了技术路线讨论的范本尧院士后来评价说："全球组网需要大量的时间和资金。当时用户还集中在国内、周边，因此'先区域、后全球'的技术途径更符合中国国情。"

"北斗一号"系统于2003年建成，我国成为继美、俄之后第三个拥有自主卫星导航系统的国家。1999年，在研制"北斗一号"的同时，我国就展开了对"北斗二号"系统的论证。2004年"北斗二号"卫星工程正式立项研制，随后，导航系统工程被列入了我国16项国家重大专项工程。2012年12月27日，"北斗"卫星导航系统正式提供区域服务，成为国际卫星导航系统四大服务商之一。

站在前两代星座的肩膀上，"北斗"的第三步迈得无比自信。星间链路、全球搜救载荷、新一代原子钟等新"神器"闪耀亮相，整体性能大幅提升。今日之"北斗"，已经胜券在握。

自主创新之路

"'巨人'对我们技术封锁，不让我们站在他的肩膀上，唯一的办法，就是自己成为巨人。""北斗"卫星导航系统工程总设计师杨长风说，"'北斗'的研制，是中国人自己干出来的。"

秉承着"探索一代，研发一代，建设一代"的创新思路，中国"北斗"始终牢牢掌握发展的主动权，以志不改、道不移的坚守拼下了累累硕果。

"北斗一号"系统原创性地提出双星定位方法，打破了国外技术垄断，建立了国际上首个基于双星定位原理的区域有源卫星定位系统。该星座的短报文服务在国际导航领域独一无二，在汶川地震等重大事件中发挥了至关重要的作用。短报文服务作为"北斗"的特色，在后续"北斗"卫星中保留了下来，为许多国家开展导航卫星研制提供了启发。

"北斗二号"系统突破了区域混合导航星座构建、高精度时空基准建立的关键技术，实现了星载原子钟国产化，并在国际上首次实现混合星座区域卫星导航系统。该系统建成后，其各项技术指标均与国际先进水平相当。

在"北斗三号"全球组网建设中，中国率先提出国际上首个高中轨道星间链路混合型新体制，形成了具有自主知识产权的星间链路网络协议、自主定轨、时间同步等系统方案，填补了国内空白；实现了星载大功率微波开关、行波管放大器等关键国产化元器件和部组件的成功应用，打破了核心器部件长期依赖进口、受制于人的局面，为全球组批研制快速组网建设铺平了道路。

"北斗"象征着国家影响力，它与国际先进卫星导航系统同台竞技，做到了"核心在手"，大大增强了中国在国际导航领域的话语权和主动权。

"北斗"的家国情怀

"一枝独秀不是春"。中国"北斗"始终具有国际视野和家国情怀。在国家支持下，该工程牵引带动了数百家单位、数万人团结协作，全国上上下下早已形成"全国一盘棋"的大格局。

在学科发展领域，"北斗"系统直接带动了航天器总体设计、航天器动力学等专业快速发展，促进建立了导航星座时空基准建立与维持、导航信号生成与传输等一些新兴学科。在"北斗"系统上使用星座可靠性分析、卫星共位等大量新技术，大大促进了我国结构材料、微处理计算机等基础学科和工业的快速发展，并提高了相关领域装备的国产化水平，提升了科技产业对前沿技术发展的引领能力。

作为上游产业，"北斗"导航卫星系统既牵引了原材料、元器件、制造工艺的发展，又促进了下游基础产品、导航终端用户产品和运营服务产业链的形成，为建设下一代信息基础设施、发展现代信息技术产业体系、推动国民经济又好又快发展做出了重大贡献。

推开新时代的大门，中国"北斗"初心不变，力争于 2020 年服务范围覆盖全球，2035 年建设完善"更加泛在、更加融合、更加智能的综合时空体系"。

未来，随着"北斗"系统覆盖范围和精度的逐步提升，"北斗"将进一步发挥系统优势，扮演更加重要的角色。